图书在版编目（CIP）数据

海洋百科零距离 / 卓文编著 . ── 上海：上海科学普及出版社，2008.9（2015.5 重印）

（小问号看大天下）

ISBN 978-7-5427-3885-1

Ⅰ.①海… Ⅱ.①卓… Ⅲ.①海洋－普及读物 Ⅳ.① P7-49

中国版本图书馆CIP数据核字（2007）第180245号

策　　划　科　普
责任编辑　蓝敏玉
统　　筹　刘湘雯

小问号看大天下

海洋百科零距离

卓　文　编著

上海科学普及出版社出版发行

（上海中山北路832号　邮政编码 200070）

http://www.pspsh.com

各地新华书店经销　　北京市艺辉印刷有限公司印刷

开本 787×1092　　1/16　　印张 13　　字数 218 000

2008 年 9 月第 1 版　　　　　　2015 年 5 月第 2 次印刷

ISBN 978-7-5427-3885-1/G・987　　　　定价：39.80 元

总序

小朋友们，你们好！还记得我吗？我是求知城的小问号，我们又见面了！

上次我在智慧爷爷的指引下和大家一起畅游了许许多多地方，学到了无比丰富的知识，大大加深了我们对世界的认识。今天，我又在《小问号看大天下》系列丛书中和小朋友们见面了，这次我将代替智慧爷爷作为大家畅游知识海洋的向导，与你们一同探索世界的奥秘，寻找知识的真谛。

我将与你们一同走进《世界未解之谜》，解读外太空、外星人与UFO、古老文明、人类自身、动植物世界等带给人类的疑惑，将未解的谜题说与大家，期待着在不久的将来你们可以将谜底揭开；我要与大家一同观赏《世界之最大百科》，去看最昂贵的琴，去听最古老的国歌，去品尝最大的粽子、最丰盛的菜，去游览最高的山，全面了解世界之最；让我们携手走进《神奇现象大揭秘》，揭秘存在于我们周围的各种常见而又奇妙的现象，更好地了解我们的世界；让我们通过《海洋百科零距离》一同畅游海底世

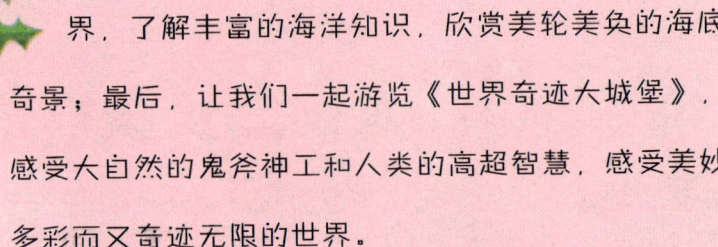

界，了解丰富的海洋知识，欣赏美轮美奂的海底奇景；最后，让我们一起游览《世界奇迹大城堡》，感受大自然的鬼斧神工和人类的高超智慧，感受美妙多彩而又奇迹无限的世界。

在"小问号看大天下"之旅中，丰富、科学而又富有趣味性的知识是我们遨游天下的方舟，通俗、准确、严谨、生动有趣的语言是我们前行的动力，精美的图片、解答式的"知识快车"以及主题延伸的"超级链接"则是我们高高扬起的风帆。

小朋友们，还等什么？让我们一起登上《小问号看大天下》这艘方舟，在知识的海洋中尽情畅游吧！

##

◎ 四大洋是如何诞生的 ⑧	◎ 肆意横行的暴徒——虎鲸 ㊵
◎ 什么是大陆架 ⑩	◎ 海洋中的智者——海豚 ㊷
◎ 海和洋有什么区别 ⑫	◎ 貌似家犬的游泳高手——海豹 ㊹
◎ 世界最大的洋——太平洋 ⑭	◎ 深海打捞员——海狮 ㊻
◎ 世界第二大洋——大西洋 ⑯	◎ 名副其实的食草海兽——儒艮 ㊽
◎ 世界第三大洋——印度洋 ⑱	◎ 剧毒无比的海洋杀手——海蛇 ㊿
◎ 面积最小的大洋——北冰洋 ⑳	◎ 古老的爬行动物——海龟 52
◎ 中国第一海——南海 22	◎ 名贵的珍馐——鲍鱼 54
◎ 最大的海——珊瑚海 24	◎ 奇特的海中兔子——海兔 56
◎ 最小的海——马尔马拉海 26	◎ 海中奇妙的活化石——鹦鹉螺 58
◎ 最大的内海——地中海 28	◎ 身着铠甲的海底将军——石鳖 60
◎ 面积最大的海湾——孟加拉湾 30	◎ 蟹中之王——帝王蟹 62
◎ 奇异的洋中之海——马尾藻海 32	◎ 横行公子——梭子蟹 64
◎ 最深的海沟——马里亚纳海沟 34	◎ 节肢动物的活化石——鲎 66
◎ 最大的鲸类——蓝鲸 36	◎ 八大海珍品之———对虾 68
◎ 海洋潜水冠军——抹香鲸 38	◎ 虾的统帅——龙虾 70

CONTENTS

- 贝类之王——砗磲　72
- 海底牛奶——牡蛎　74
- 舞文弄墨——乌贼　76
- 海底建筑能手——章鱼　78
- 轻盈飘逸的透明伞——水母　80
- 美丽的海葵花——海葵　82
- 多姿多彩的海底之花——珊瑚　84
- 最简单的多细胞动物——海绵　86
- 棘皮动物中的老者——海百合　88
- 形似植物的脊索动物——海鞘　90
- 不会走的节肢动物——藤壶　92
- 奇特的海洋之星——海星　94
- 海中刺客——海胆　96
- 海中珍品——海参　98
- 并非"哑吧"——会说话的鱼　100

- 海洋中的光明使者——发光鱼类　102
- 会爬树的鱼——弹涂鱼　104
- 海中霸王——鲨鱼　106
- 靠嗅觉猎食——鳐鱼　108
- 海底电击手——电鳐　110
- 水中恶魔——食人鱼　112
- 海洋幽灵——魔鬼鱼　114
- 五彩缤纷——蝴蝶鱼　116
- 形态奇特——翻车鱼　118
- 化妆高手——石斑鱼　120
- 顶级拟态者——鲽鱼　122
- 威风八面的夜行者——狮子鱼　124
- 种类繁多——雀鲷　126
- 为他人服务——隆头鱼　128
- 酷似狐狸——狐狸鱼　130
- 海中之龙——海龙　132

CONTENTS

- 最不像鱼的鱼类——海马　134
- 海中最大的鱼类——鲸鲨　136
- 海洋垂钓者——琵琶鱼　138
- 海中变色龙——比目鱼　140
- 珍贵的海洋脊索动物——文昌鱼　142
- 海洋中的蔬菜——紫菜　144
- 海洋中的绿藻植物——海白菜　146
- 琼胶的主要原料——石花菜　148
- 海洋中的绒花——海萝　150
- 海藻王——巨藻　152
- 海滨之宝——红树植物　154
- 工业的血液——石油　156
- 石油的"孪生兄弟"——天然气　158
- 海底固体燃料——煤　160
- 结核状软矿物体——多金属结核　162
- 海底金银库——热液矿藏　164
- 大自然的礼物——滨海砂矿　166
- 未来能源——可燃冰　168
- 用之不竭的液态资源——海水　170
- 21世纪的药库——海洋　172
- 人类的第二居所——海洋空间　174
- 海上流浪者——海冰　176
- 发电大户——潮汐　178
- 海洋生物的灾难——赤潮　180
- 海上猛兽——海啸　182
- 热带海洋上的猛烈风暴——台风　184
- 海洋上的高温现象——厄尔尼诺　186
- 可怕的气象术语——拉尼娜　188
- 灭顶之灾——海洋污染　190

谁提出了"大陆漂移学说"?

德国气象学家魏格纳。

1 四大洋是如何诞生的

地球刚刚诞生之时,其表面并不像现在这样有七大洲和四大洋。那么四大洋是怎样形成的呢?

1910年,生病卧床的德国气象学家魏格纳聚精会神地望着墙上的一张世界地图。突然,他发现大西洋东西两岸的海岸形状竟然可像七巧板那样拼合起来,就像一块完整的大陆。于是在1912年,魏格纳提出了"大陆漂移学说",他认为:在2.5亿年前,地球上只有一块完整的大陆(即泛大陆),被一片汪洋所包围。后来,由于天体的引力和地球的自转离心力的共同作用,泛大陆出现裂缝,开始分裂和漂移,结果使美洲脱离了非洲和欧洲,中间形成大西洋;非洲有一半脱离了亚洲,南端与印度次大陆分开,由此诞生了印度洋;还有两块较小的击地离开了亚洲和非洲大陆,向南漂移,形成了澳洲和南极洲;在亚洲、南北美洲、南极洲和大洋洲之间形成了最大的洋——太平洋,而在北极之地的则是寒冰覆盖的北冰洋。

魏格纳

大陆漂移

6 500万年前

今日地球

5 000万年之后

Page···· 8

如何充实"大陆漂移学说"?

知识快车

20世纪60年代初,建立在地球物理科学基础上的"海底扩张说"应运而生,它科学地解释了大洋地壳的形成,而在此基础上发展起来的"板块构造学说"进一步用地球板块的产生、消亡和相互作用,解释了地球的构造运动。这两个学说无疑给"大陆漂移学说"注入了更科学的新鲜血液,以"板块理论"的形式更好地解释了海洋的形成和发展问题。

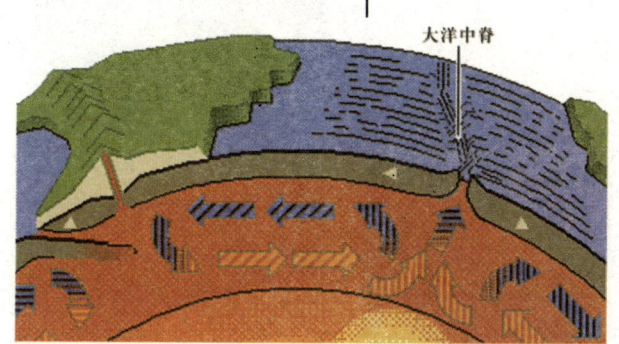

板块构造示意图

 **海水从何而来**

蓝色的海洋世界

没有海水就无法形成海洋。那么海水是从何而来的呢?其实,地球上的水主要是从天上(大气中)来的。地球诞生之初,内部物质在高温下分化,产生气体,形成原始大气,其中就包括大量水汽;火山喷出的水蒸气,是地球上水的另一重要来源;此外,当熔岩冷却结晶时也能释放出大量的水。归根结底,水与大气都来自于地球内部。这些水在地壳的低洼处汇合后,便形成了湖泊和海洋。

海岸有固定的范围吗?

没有。

2 什么是大陆架

辽阔的海洋

大陆架

大陆架也称大陆浅滩,是大陆的自然延伸,指环绕大陆的浅海地带;其范围自海岸线起,向海洋方面延伸,直到海底坡度显著增加的大陆坡为止。世界大陆架总面积约为2 710万平方千米,平均宽度约为75千米,约占海洋总面积的7.6%。大陆架地形一般较为平坦,但也有小的丘陵、盆地和沟谷。

大陆架原为海岸平原,后因海面上升才沉没于水下,成为浅海。大陆架浅海与人类关系最为密切,大约90%的渔业资源来自大陆架浅海。人类自古以来便在这里捕鱼捉蟹,享"渔盐之利,舟楫之便"。随着生产力的发展,人类对大陆架进行了进一步的开发,如开辟浴场、开采石油,利用这里的阳光、沙滩和新鲜空气开辟旅游度假区等。

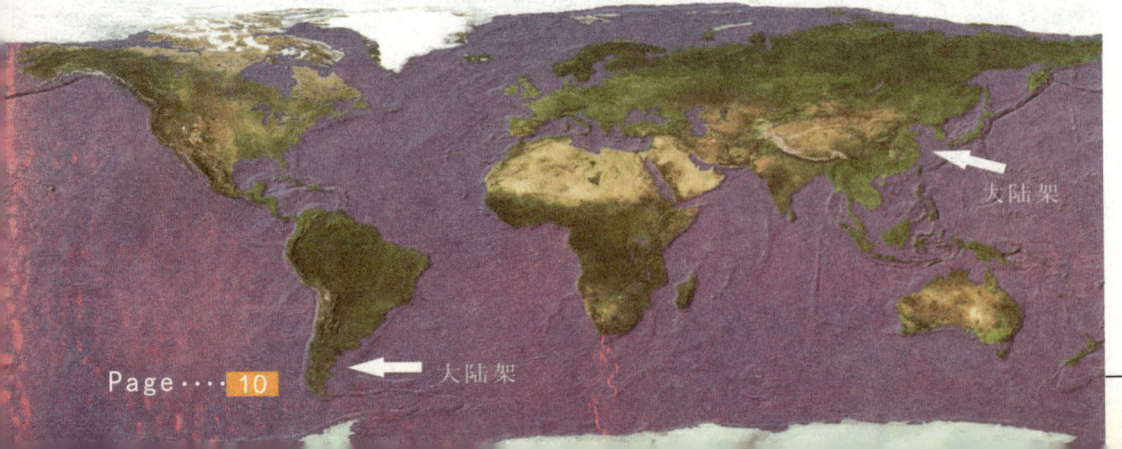

海平面是平的吗？

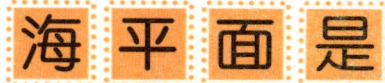

在日常生活中，人们通常以海平面为基准来测量陆地上物体的高度。其实，海平面并不是平的。海平面为什么不平呢？主要由两个因素造成：一是涨潮、落潮、风暴和气压等使海面始终不能归于平静；二是海底地形多种多样，这也决定了海面的不平。

海平面

海床也不平坦

裸露的海床

科学家们认识到，大洋底的海床也不是平坦的，它高低起伏，比陆地地形还要复杂，它的峡谷甚至能装得下喜马拉雅山脉。更令人惊异的是，大洋底还有一条独特的长达6万千米的大山脉，它仿佛一条巨蛇，蜿蜒地穿过大西洋、太平洋、印度洋和北冰洋，科学家称它为"大洋中脊"。

世界上有多少个海？
近50个。

3 海和洋有什么区别

不少人认为，海就是洋，洋就是海。其实，海和洋不完全是一回事。那么，海和洋有什么区别，又有什么关系呢？

海与洋之间有四个明显的区别：一、洋是海洋的中心部分，是海洋的主体，大约占海洋总面积的89%；海在洋的边缘，是大洋的附属部分，只占海洋总面积的11%。二、洋深度大，其平均水深一般在3 000米以上；海水深平均较浅，从几米到2 000米不等。三、洋有独立的洋流和潮汐系统；海则受洋流和潮汐的支配。四、洋离陆地较远，受陆地影响较小，盐度平均为35‰，其水色清，透明度很大；海与陆地相接，海水的温度、盐度、颜色和透明度，受陆地河流的影响较大。

海与陆地相接

海底世界

"海"、"洋"为何要连用？

知识快车

海洋的中心主体部分是洋，边缘靠沙滩部分为海。海与洋之间彼此通连，用肉眼几乎无法界定它们各自的范围，只能望见一片无边无际的浩瀚之波，它们共同形成了世界统一的海洋整体。因此，海洋便成了地球上宽广连续的海水的总称。

海 洋

海的分类

海可分为边缘海、内陆海和陆间海三类。边缘海既是海洋的边缘，又是临近大陆的前沿。这类海与大洋联系广泛，通常由一群海岛将它与大洋分开，如我国的东海、南海就是太平洋的边缘海。内陆海，就是位于大陆内部的海，如欧洲的波罗的海等。陆间海，即几个大陆之间的海，水深通常要比内陆海更深，如红海、地中海等。

小问号 大天下

全世界共有几个大洋？

4个。

4 世界最大的洋
——太平洋

太平洋位于亚洲、大洋洲、北美洲、南美洲和南极洲之间，北端的白令海峡与北冰洋相连，南至南极洲，并与大西洋和印度洋连成环绕南极大陆的水域。太平洋是目前世界上最大的洋。不过美洲大陆和亚洲大陆正在以每年 1~2厘米的速度靠近，因此太平洋正在变小，大西洋正在变大。太平洋南北最大长度约15 900千米，东西最大宽度约109 900千米。总面积17 968万平方千米，占地球表面积的35%，是世界海洋面积的49.8%。平均深度4 082米，最大深度11 034米。太平洋海水容量为70 710万立方千米，居世界各大洋之首。太平洋中蕴藏着非常丰富的资源，它的渔获量，以及多金属结核的储量和品位均居各大洋之首。

美丽的太平洋

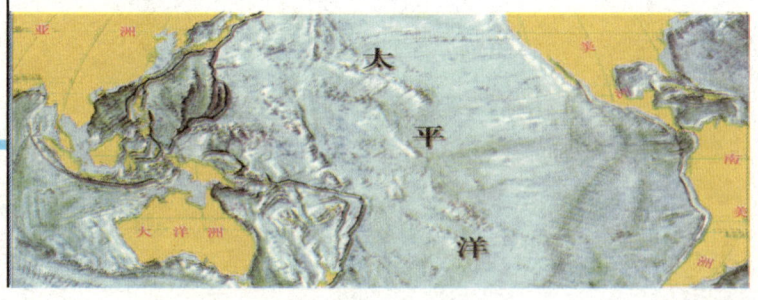

辽阔的太平洋

太平洋的名称由何而来？

知识快车

太平洋最初没有统一的名称，我国古代把它称为"沧海"、"东海"等，国外有人也曾将它命名为"南海"。现在使用的名称是葡萄牙著名航海家麦哲伦取的。16世纪，麦哲伦率领一支西班牙船队从大西洋经麦哲伦海峡进入太平洋。航行其间，太平洋的安宁平静与波涛汹涌的大西洋形成鲜明对照，因此，他给这片大洋取名为"太平洋"。

麦哲伦画像

火山爆发

超级接链：太平洋并不太平

全球约85%的活火山和约80%的地震集中在太平洋地区。太平洋东岸的美洲科迪勒拉山系和太平洋西缘的花彩状群岛是世界上火山活动最剧烈的地带，那里的活火山达370多座，有"太平洋火圈"之称。

诺曼底登陆发生于何地？
↓
大西洋。

5 世界第二大洋——大西洋

诺曼底登陆

大西洋地形图

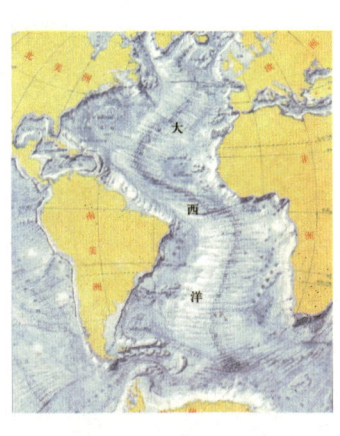

　　大西洋是世界第二大洋，位于南、北美洲和欧洲、非洲、南极洲之间，并通过地中海和黑海连通亚洲。它南北走向，形状呈"S"形。南北长约16 000千米，东西最短距离2 400多千米，其最大宽度约6 000千米。总面积约为9 336.3万平方千米，平均深度3 627米，最深处达9 219米，位于波多黎各海沟处。大西洋的海运特别发达，东、西分别经苏伊士运河和巴拿马运河沟通印度洋和太平洋，货运量约占世界货运总量的三分之二以上。它海洋资源丰富，矿产资源有石油、天然气、煤、铁、硫、重砂矿和多金属结核。大西洋上的加勒比海（南美岸外）、墨西哥湾、北海、几内亚湾更是世界上著名的海底石油、天然气的富集区。

大西洋是如何得名的？

知识快车

大西洋在西方被称为"阿特兰他洋"。这个名字源于古希腊神话中的一位英雄——阿特拉斯（阿特兰他是阿特拉斯的形容词）。在古代希腊神话中的阿特拉斯是普罗米修斯的兄弟，传说这位顶天立地的大力神住在极远极远的西边，人们看到大西洋海域宽广无边，便以为是阿特拉斯的栖身之所，于是把它称为阿特兰他洋。然而，我们现在使用的"大西洋"这个名字却与大力神阿特拉斯无关，而是根据明朝时欧洲传教士编绘的世界地图上的拉丁文名称，意译过来的。

大西洋海底的奇幻世界

超级接链 "伤口"里长出的大西洋

大西洋中脊

几亿年前，南北美洲、欧洲和非洲等几块大陆原本是一家，由于地壳由北向南断开了一个裂口，海水涌入，形成了一条海沟。海底裂口不断加深，而火山爆发涌出的熔岩将地壳朝东西两边推去。经过了1.5亿年，便形成了现在的大西洋。

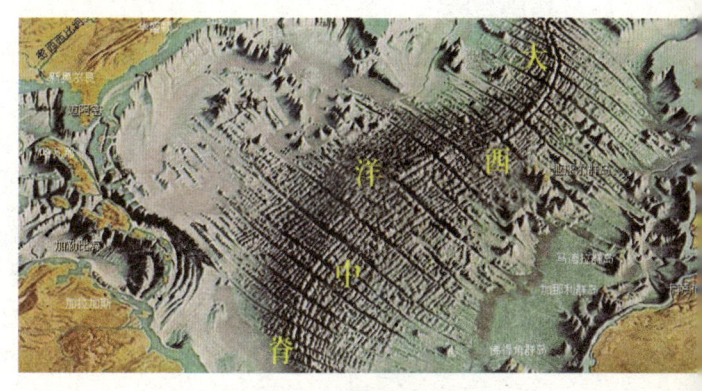

印度洋又称什么？
↓
西洋。

6 世界第三大洋——印度洋

郑和画像

印度洋是世界第三大洋，位于亚洲、南极洲、大洋洲和非洲之间，总面积为7 492万平方千米，平均深度3 897米，最深的爪哇海沟达7 729米。印度洋大部分处于热带，水面平均温度20℃～26℃。它的边缘海红海是世界上盐度最高的海域。

印度洋海洋资源以石油最为丰富，波斯湾是世界海底石油的最大产区，海底石油储量为120亿吨，天然气储量7.1万亿立方米。印度洋还是世界最早的航海中心，它的航道是世界上最早被发现和开发的，是连接非洲、亚洲和大洋洲的重要通道。海洋货运量约占世界的10%以上，其中石油运输居于首位。印度洋也有多金属结核资源，但资源量低于太平洋和大西洋。

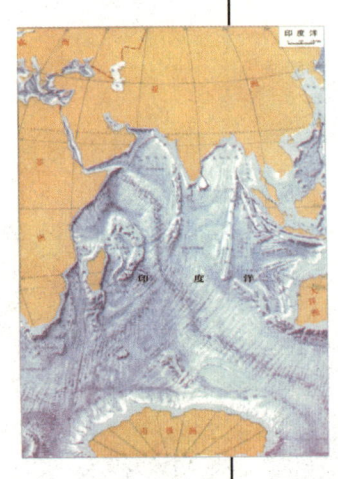

印度洋地形图

印度洋名称是如何演变的？

在古希腊时期，著名地理学家、历史学家希罗多德曾称印度洋为"厄立特里亚海"，意为"红海"。到古罗马时期，印度洋被罗马人称为"鲁都姆海"；同一时期，印度洋还被人们称为"南海"、"东海"等等。直到15世纪末，葡萄牙著名航海家达·伽马为了寻找通往印度的航线，绕过非洲南端的好望角进入这个大洋后，才开始使用"印度洋"这个名称，以后逐渐为人们所接受，成为通用名。

蔚蓝的海洋

印度洋发现珍稀磁性海螺

瑞典自然历史博物馆的研究人员在印度洋西南部发现了一种稀有的奇异海螺。这种海螺的甲壳中含有磁性物质，它甚至能够吸住研究人员的铁制仪器，因此被认为是迄今所发现的世界上首种磁性动物。

普通海螺与磁性海螺

北极有多冷?

月平均气温-20℃~-40℃。

7 面积最小的大洋——北冰洋

北冰洋位于地球的最北面,大致以北极为中心,介于亚洲、欧洲和北美洲之间,是四大洋中面积最小、深度最浅的大洋。它的面积为1 310万平方千米,仅占世界大洋面积的3.6%;容积为1 698万立方千米,仅占世界大洋容积的1.2%;平均深度1 205米,最大深度也不过5 527米。北冰洋是四大洋中温度最低的寒带洋,那里终年积雪,千里冰封,覆盖于洋面的坚实冰层足有3~4米厚。每当这里的海水向南流进大西洋时,随处可见一簇簇巨大的冰山随波漂浮,逐流而去,就像是一些可怕且庞大的怪物,冰山给人类的航运事业带来了一定的威胁。

北极熊

北冰洋上的冰雪

北冰洋有哪些奇观？

第一大奇观就是那里一年中几乎有一半的时间暗无天日，恰如漫漫长夜不见阳光；而另一半日子，则为阳光普照，只有白昼而无黑夜。第二大奇观是置身大洋中，常常可见北极天空上的极光现象。极光飘忽不定、变幻无穷、五彩缤纷，艳丽至极。

极光现象

奇特居民——独角兽

北冰洋地图

北冰洋寒冷的海域里生活着一种奇特的齿鲸。它体形很特别，腹部呈白色，背部为黑色，并夹杂蓝灰或黑灰色的斑点花纹，头上长着一个约1～2米长的角，因此，当地人给它起了个诨名——独角兽。它给人们留下了一连串未解之谜，如为何只有一只角？这只角有哪些作用？

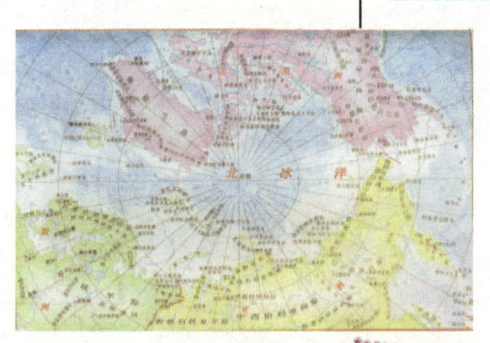

中国四海指哪些海？
南海、东海、黄海和渤海。

8 中国第一海——南海

南海风光

从东海向南穿过狭长的台湾海峡，便进入了汹涌澎湃的南海。南海在我国四海中面积最大，达358.91万平方千米，平均水深为1 112米，最深处可达5 377米，是我国最深、最大的海，也是仅次于珊瑚海和阿拉伯海的世界第三大边缘海。南海北接我国广东、广西、福建、海南和台湾五省，东南至菲律宾群岛，西南至越南和马来半岛，最南的曾母暗沙靠近加里曼丹岛，位居太平洋和印度洋之间的航运要冲，在经济和国防上都具有非常重要的意义。

南海的自然条件，十分适于珊瑚繁殖，于是在海底高台上形成了很多风光绮丽的珊瑚岛，如东沙群岛、西沙群岛、中沙群岛和南沙群岛。

黄海的名字由何而来？

古时黄河水流入黄海，河中含有大量泥沙，使海水中的悬浮物质增多，海水透明度变小，近岸海水呈现黄色，黄海之名因此而得。它又有"浑浊之海"之称。黄海寒暖流交汇，水产丰富，海滩宽广，适宜晒盐。

黄海

长江的归宿——东海

东海浪涛万顷，一望无际，自古以来便是令人向往和充满神奇的地方，传说那里有神仙居住。江河似乎也被它吸引了，纷纷向它聚拢，长度超过100千米的河流竟有40多条注入东海，其中长江、钱塘江、瓯江、闽江四大水系便是注入东海的主要江河。

珊瑚海又称什么？
➡
鲨鱼海。

9 最大的海——珊瑚海

鲨 鱼

珊瑚海

珊瑚海北接所罗门海，南连塔斯曼海，西北经托雷斯海峡与阿拉弗拉海相通，面积479万平方千米，是世界最大的海。它是太平洋的边缘海，海底向东倾斜，终年受南赤道暖流影响，海面平均水温在20℃以上，1～4月间受旋风影响，海浪巨大。珊瑚海中多珊瑚礁，以大堡礁最为有名。珊瑚海是澳大利亚东部各港口去往亚洲东部的必经航路。这里水温适宜，水质洁净，是珊瑚虫的理想生活环境，它们巧夺天工，留下了世界最大的堡礁。众多的环礁岛、珊瑚石平台，若天女散花、繁星点点般散落在广阔的海面上，因此得名珊瑚海。

大堡礁有何显著特点?

美丽的珊瑚海中有世界上最大的三个珊瑚礁群,它们分别是大堡礁、塔古拉堡礁和新喀里多尼亚堡礁。大堡礁是世界上最大的珊瑚礁群,位于澳大利亚东北岸外,离大陆最近处只有16千米,最远处达240多千米。大堡礁像一条长带斜卧着,长达2 000多千米,东西最宽处达240千米,面积约20.7万平方千米。

大堡礁

美丽的珊瑚

珊瑚虫的馈赠

500多座珊瑚岛,星罗棋布地散落在珊瑚海的海面上,它们是珊瑚虫创造的奇迹。岛上茂密的热带雨林,郁郁葱葱;旁边银白色的沙滩,滩外碧蓝的海水下可看到五颜六色的珊瑚礁平台。这里阳光充足,空气清新,海水洁净,礁石嶙峋,成了海洋生物的乐园。1979年,澳大利亚将大堡礁辟为海洋公园,从此吸引了众多来自世界各地的游客。

"马尔马拉"希腊语为何意？
⬇
大理石。

10 最小的海——马尔马拉海

马尔马拉海

美丽的马尔马拉海

在人们的印象中，海洋是非常辽阔的，但有一个海却是个例外，甚至人们在其中航行时，可以清楚地看到它的两岸，这就是位于亚洲小亚细亚半岛和欧洲的巴尔干半岛之间的马尔马拉海。它是欧亚大陆之间断层下陷而形成的内海，东西长270千米，南北最宽处70千米，呈椭圆形，面积为1.1万平方千米，只相当于我国的2.5个青海湖那么大，是世界上最小的海。如果说珊瑚海是海中"巨人"，马尔马拉海无疑就是海中"侏儒"了。

马尔马拉海地理位置如何？

自古以来，马尔马拉海就是黑海地区通往外海的交通要道。它东北经博斯普鲁斯海峡通黑海，西南经达达尼尔海峡通地中海和大西洋，是欧、亚两洲的天然分界线，地理位置十分重要。实际上它是一个很年轻的海，其年龄大约只有100万年。

马尔马拉海的地理位置

奇特的鮟鱇鱼

在马尔马拉海中，生活着一种叫做鮟鱇鱼的水生动物。它的眼睛长在头的背部，从正面看，简直像是竖起来的两只电灯，并能上下左右活动，眼球的组织结构与一架精密望远镜相差无几，竟然能自如地调整焦距。

鮟鱇鱼

爱琴海属于地中海吗？

是的。

11 最大的内海——地中海

希腊爱琴海

辽阔的地中海

在亚洲、欧洲、非洲之间，有一片广阔的蔚蓝水域，它宛如一个巨大的水槽，深陷在陆地之中。它东西长约4 000千米，南北最宽处约1 800千米，面积250.5万平方千米，平均深度约为1 541米，最深处达5 121米。它就是世界上最大的陆间海——地中海。

地中海是世界上最古老的海，历史比大西洋还要悠久。地中海处在欧亚大陆和非洲大陆的交界处，是世界强地震带之一。它西边有21千米宽的直布罗陀海峡，穿过那儿就可到达大西洋；东南经苏伊士运河与红海相通，又经红海出印度洋；东北经土耳其海峡接黑海，是欧、亚、非三洲之间的重要航道，也是沟通大西洋、印度洋的重要通道。

地中海的名称有何渊源？

知识快车

最早犹太人和古希腊人简称地中海为"海"或"大海"。因古人仅知地中海位于三大洲之间，故称之为"陆地中间之海"，该名称始见于公元3世纪的古籍中。公元7世纪时，西班牙作家伊西尔首次将"地中海"作为地理名称。

美丽的地中海

超级接链：孕育古老文明

地中海作为内海，比较平静，加之沿岸海岸线曲折、岛屿众多，拥有众多天然港口，成为沟通亚、非、欧三大洲的交通要道。这样的地理条件，使其海上贸易从古代开始就很繁盛，地中海也因此成为孕育古埃及文明、古希腊文明、古罗马文明的温床。

地中海晚景

小问号 大天下

海湾是怎样形成的？
是海洋和大陆相互吞噬而形成的。

12 面积最大的海湾——孟加拉湾

在世界范围内，总面积在100万平方千米以上的海湾有四个，而超过200万平方千米的海湾只有印度洋东北部的孟加拉湾，它是世界上最大的海湾。

孟加拉湾位于印度半岛、中南半岛、安达曼群岛和尼科巴群岛之间，在孟加拉国的南岸。它总面积达217.2万平方千米，总容积为561.6万立方千米，平均深度2 586米，最大深度5 258米，表层水温在25℃～27℃之间，盐度为30‰～34‰。它发源于我国的恒河和布拉马普特拉河（上游是雅鲁藏布江），从北部注入湾中，形成了宽广的河口。孟加拉湾为印度洋的一个海湾，是太平洋和印度洋之间的重要通道。湾内有安达曼群岛、尼科巴群岛。沿岸有印度的加尔各答、马德拉斯和孟加拉国的吉大港等重要港口。

迷人的孟加拉湾

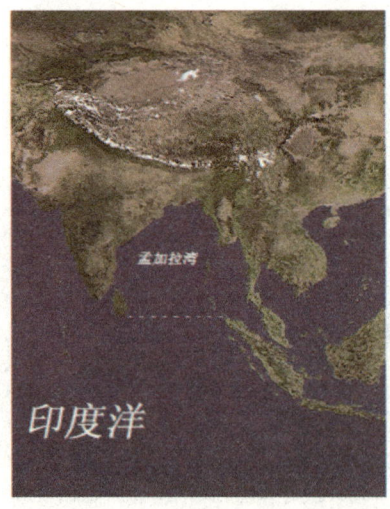

孟加拉湾地理位置

孟加拉湾有哪些灾难?

知识快车

每年4～10月,猛烈的孟加拉湾热带风暴常常伴着海潮一起袭来,掀起滔天巨浪,呼啸着向恒河-布拉马普特拉河河口冲去,风急浪高,大雨倾盆,造成巨大的人员和经济损失。1970年11月12日的一次特大风暴,仅孟加拉国就有30万人被夺去生命,100多万人无家可归。

台风漩涡

超级接链 世界十大海湾

一、	孟加拉湾	2 172 000平方千米	属于印度洋
二、	墨西哥湾	1 543 000平方千米	属于大西洋
三、	几内亚湾	1 533 000平方千米	属于大西洋
四、	阿拉斯加湾	1 327 000平方千米	属于太平洋
五、	哈得孙湾	830 000平方千米	属于大西洋
六、	卡奔塔利亚湾	699 000平方千米	属于印度洋
七、	巴芬湾	689 000平方千米	属于北冰洋
八、	大澳大利亚湾	484 000平方千米	属于印度洋
九、	波斯湾	241 000平方千米	属于印度洋
十、	泰国湾	239 000平方千米	属于太平洋

墨西哥湾风光

小问号 大天下

哪个海透明度最高？
马尾藻海。

13 奇异的洋中之海 —— 马尾藻海

世界上的海大多位于大洋的边缘部，都与大陆或其他陆地毗连。然而，在大西洋上却有一个奇异的"洋中之海"——马尾藻海。它违背地理学上的定义，周边竟没有一寸与陆地相接，其西边与北美大陆隔着宽阔的海域，其他三面都是广阔的洋面，被大洋所包围，这在地球上是绝无仅有的，所以它是世界上唯一没有海岸的海，因此也没有明确的海区划分界线。因其海面上漂浮以马尾藻为主的藻类，故得此名。

此海位于大西洋北部百慕大群岛附近，大致介于北纬20°～35°、西经40°～75°之间，由墨西哥暖流、北赤道暖流和加那利寒流围绕而成。

马尾藻海

透明的马尾藻海

谁发现了"海上草原"？

知识快车

1492年9月16日，在大西洋上航行了多日的哥伦布探险队忽然望见前面有一片大"草原"，他们以为是陆地，便欣喜地加速前行。然而，驶近"草原"后却令他们大失所望，这里根本没有陆地的影子，而是长满海藻的一片汪洋。令人奇怪的是，这里风平浪静，犹如一潭死水。哥伦布凭着多年的航海经验，深知继续前行的危险，于是亲自指挥开辟航道，经过三个星期的拼搏，才逃出这个可怕的"草原"。这片"草原"就是大西洋中没有海岸的马尾藻海。

哥伦布画像

超级接链　魔鬼三角区

百慕大风光

最令人不解的是，这个马尾藻海还会"变魔术"：有时郁郁葱葱的海藻会突然消失，有时海藻又鬼使神差地布满海面，给表面恬静文雅的这片海域蒙上了浓厚的神秘色彩，使它宛如一个可怕的陷阱。充满奇闻的百慕大"魔鬼三角区"就在这一带，飞机和轮船经常在这里神秘失踪。

什么是海沟?

海洋中水深大于5 000米的沟槽。

14 最深的海沟——马里亚纳海沟

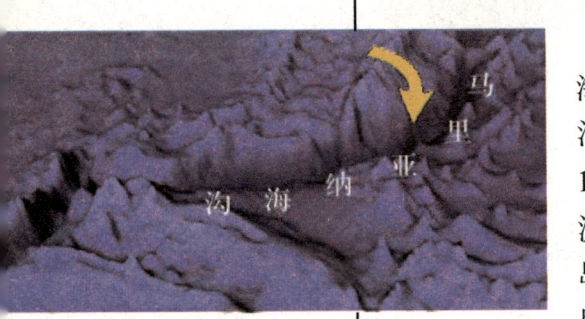

马利亚纳海沟示意图

马里亚纳海沟是目前所知最深的海沟,也是地壳的最薄弱处。这个海沟地处北太平洋西方海床,位于北纬11°20.9′,东经142°11.5′,在亚洲大陆和大洋洲之间,北起硫黄列岛,西南至雅浦岛附近,北有阿留申、千岛、日本、小笠原等海沟,南有新不列颠和新赫布里底等海沟。它全长2 550千米,呈弧形,最宽70千米,大部分水深在8 000米以上。最大水深在斐查兹海渊,为11 034米(各年测得深度不一),是已知的地球最深点,远远超过珠穆朗玛峰8 842米的高度。

马利亚纳海沟风光

斐查兹海渊有多深？

知识快车

1951年，"斐查兹8号"探测出它的深度为10 836米；1957年，苏联的"Vityaz号"利用声波反射装置测量它的深度为11 034米；1960年，美国的载人潜水器"的里亚斯特号"成功到达斐查兹海渊的海底，利用铅锤测量到它的深度为10 912米；1984年，日本的"卓阳号"测出它的深度为10 942米；1995年3月，日本的"海沟号"潜水器测得它的深度为10 944.1米。

潜水器

超级接链：最深海底的动物

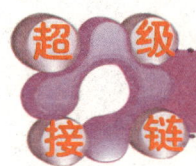

马里亚纳海沟中生活着大家熟知的虾、乌贼、章鱼、枪乌贼，还有抹香鲸等大型海兽；在2 000～3 000米的水深处，人们发现了成群的大嘴琵琶鱼；在8 000米以下的水层，还有仅18厘米大小的新鱼种……它们为幽深阴暗的海底带来了勃勃生机。

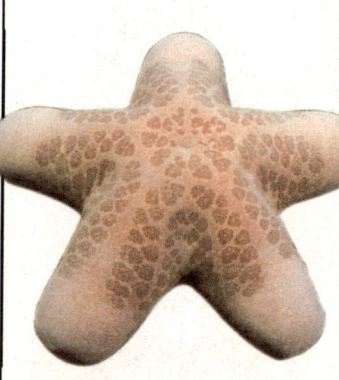

深海动物

蓝鲸和恐龙哪个体积大？
蓝鲸。

15 最大的鲸类——蓝鲸

蓝鲸

蓝鲸是最大的鲸类，除北冰洋外，其他各大洋均有分布。它全身灰蓝色，背部有淡色花纹，一般体长达30多米，体重为15 000～200 000千克。也就是说，它的体重相当于25只非洲象重量的总和，或者是2 000～3 000个成人的重量总和。它是迄今为止生活在地球上的最大的动物，光是尾鳍就有足球场的球门那么宽。据说，它呼气时喷起的水柱有三层楼那么高呢！

蓝鲸嬉戏

为什么鲸不是鱼类？

知识快车

鲸是大型海洋哺乳动物。因"鲸"字中有个"鱼"字，许多人也叫它"鲸鱼"，但鲸却不是鱼类。这是因为：一、鱼是卵生动物，而鲸是胎生哺乳动物；二、鱼在水中用鳃呼吸，而鲸却必须浮出水面用肺呼吸；三、鱼是冷血变温动物，而鲸却是温血动物。此外，鲸在动物进化史上比鱼类高级，它实际上是生活在海洋中的一种兽类。

海中遨游

挑食的家伙——蓝鲸

蓝鲸十分偏食，几乎全以磷虾类为食，因此蓝鲸的分布仅限于磷虾多的海域。生活在南极海域的蓝鲸，别看它是地球上的庞然大物，却只能吞下比手指还细小的鱼类，但它的胃却能足足容纳2吨的磷虾。

即使这样，你也不必为它担心，它是不会挨饿的，因为只要它张一下嘴，就能吞进6吨海水，嘴巴一闭，海水就会被挤出来，而食物则被密集的鲸须筛留在嘴巴里了。

磷虾

抹香鲸有什么特别之处？
只有左鼻孔畅通。

16 海洋潜水冠军——抹香鲸

抹香鲸头重尾轻，宛如一只巨大的蝌蚪，头部占去全身的三分之一，看上去像个大箱子。抹香鲸的牙齿很大，足有20多厘米长，每侧有40～50枚，但只有下颌才有牙齿，而上颌只有被下颌牙齿"刺出"的一个个洞。不过，抹香鲸的习性与蓝鲸截然不同，它性情凶残，食量极大，每天能吃1吨多食物，猎物一旦被它咬住就难以脱身了。它最喜欢吃的食物是身长可达18米的深海大王乌贼，因此"练就"了一身潜水的好功夫。

抹香鲸头重尾轻的体型极适宜潜水，加上它爱吃生活在深海的大王乌贼，能"屏气潜水"长达1.5小时，可潜到2 200米的深海。所以抹香鲸是哺乳动物中名副其实的潜水冠军。

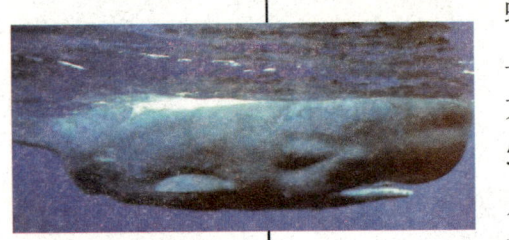

抹香鲸觅食

抹香鲸

抹香鲸的美名从何而来？

知识快车

抹香鲸的经济价值很高，它巨大的头部中盛有一种特殊的鲸蜡油，是一种用途很广的润滑油，许多精密仪器，如手表、天文钟甚至火箭，都离不了它。一头成年抹香鲸的头部足有1吨这样的油。另外，著名的龙涎香就是这种鲸肠道里的异物，是一种极好的保香剂，抹香鲸的名字也是由此而来的。

抹香鲸戏水

超级接链 抹香鲸趣闻

在第二次世界大战期间，一艘美国军舰正在夜航时，舰体突然感受到强烈的震动，所有人都误认为军舰触礁了或碰上了水雷，于是大伙纷纷跳水逃命。后来才发现军舰是撞上了一只正在沉睡的抹香鲸，原来是一场虚惊。

浮出水面

小问号 大天下

虎鲸的英文名称为何意？
➡ 杀鲸凶手。

17 肆意横行的暴徒——虎鲸

虎鲸胆大而狡猾，且残暴贪食，是辽阔海洋中的残暴杀手。虎鲸的口很大，上下颌各有20多枚10～13厘米长的锐利牙齿。它大嘴一张，尖齿毕露，更显出一副凶神恶煞的样子。它的牙齿朝内后方弯曲，上下颌齿互相交错搭配，与人的两手手指交叉搭在一起的形状相似，这不仅使被擒之物难逃其口，而且还能撕裂、切割猎物。虎鲸身体强壮，行动敏捷，游泳迅速，每小时可游30海里。游泳时，雄鲸高达1.8米的背鳍突出于水面之上，就像一种古代武器——"戟"倒竖在海面上，因此虎鲸又有"逆戟鲸"之称。

虎鲸就是凭借上述优势在海洋中肆意横行的。因此，不少人在海上屡屡目睹虎鲸袭击海豚、海狮以及大型鲸类的惊心动魄的情景。

虎鲸跃水

虎鲸猎物

虎鲸独特的标志是什么?

知识快车

虎鲸属于齿鲸类。雄虎鲸身长近10米,重7~8吨;雌虎鲸的身子略小一些,但也有6~8米长。虎鲸很好辨认。它的眼后方有两个卵形的大白斑,远远看去,宛如两只大眼睛;其体侧还有一块向背后方向突出的白色区域,使它有别于其他鲸类。

> 虎鲸的标志

 聪明且有心计的虎鲸

> 虎鲸夫妇

虎鲸从不主动进攻人类,而且聪明伶俐,乐于与人类相处,稍加训练,便可做各种表演,具有很好的记忆能力。不过,虎鲸似乎有很强的报复心理。有位爱斯基摩老人讲述了一个真实的故事:在阿拉斯加最北端的巴罗小镇,两个年轻的爱斯基摩人曾向一对虎鲸开枪,没有打中,却遭到它们的报复。在此后的几年中,只要这两个年轻人一出海,那对虎鲸就会赶来进攻他们,使他们差点儿送命,吓得他们一直不敢下海捕鱼。

小问号 大天下

海豚是怎样睡觉的？
在游泳时闭上一只眼睛睡觉。

18 海洋中的智者——海豚

海豚

海豚表演

过去人们常说，动物界中属猴子最聪明。但事实证明，海豚比猴子还要聪明。有些技艺，猴子要经过几百次训练才能学会，而海豚只需二十几次就能学会。如果用动物的脑占身体重量的百分比来衡量动物的聪明程度，那么海豚仅次于人类，而猴子名列第三。

海豚经过训练后，不仅可以表演各种技艺，例如顶球、钻火圈……而且在人的特殊训练下，还可以充当人的助手：戴上抓取器可以潜至海底打捞沉入海底的物品，如实验用的火箭、导弹等；给从事水下作业的人员传递信息和工具；携带炸药和弹头冲击敌舰或炸毁敌方水下导弹发射装置，充当"敢死队"。

你了解海豚吗?

知识快车

海豚属于哺乳纲、鲸目、齿鲸亚目、海豚科,通称海豚,共有62种,分布于世界各大洋。体长1.2～4.2米,体重23～225千克。海豚嘴尖,上下颌各有101颗尖细的牙齿,主要以小鱼、乌贼、虾、蟹为食。海豚喜欢过集体生活,少则几头,多则几百头一起生活。

海豚的牙齿

超级接链 海豚——人类的朋友

善良的海豚

1949年,美国佛罗里达州一位律师的妻子在《自然史》杂志上披露了自己在海上被淹后获救的奇特经历:她在一个海滨浴场游泳时,突然陷入了水下暗流中,一排排汹涌的海浪向她袭来。就在她即将昏迷的一刹那,一头海豚飞快地游来,用它那尖尖的喙部猛地推了她一下,接着又是几下,一直把她推到浅水中为止。这位女子清醒过来后举目四望,只见海滩上空无一人,只有一头海豚在离岸不远的水中嬉戏。

小问号 大天下

南极海豹是国际保护动物吗？

是的。

19 貌似家犬的游泳高手 —— 海豹

从头部看，海豹貌似家犬，因而有人也称其为海狗。海豹身体浑圆，形如纺锤，体色斑驳，毛被稀疏，皮下脂肪很厚，显得膘肥体胖。一对后脚总是向后伸，犹如潜水员的两只脚蹼。游泳时，两脚在水中左右摆动，推动身体迅速前进。

海豹的潜水本领很高，一般可潜到100米深的海域，最深可潜到300米，在水下可潜伏23分钟。它的游泳速度也很快，一般可达每小时27千米。海豹主要捕食各种鱼类和头足类，有时也吃甲壳类。它的食量很大，一头60～70千克重的海豹，一天要吃7～8千克鱼。

海 豹

嬉戏的海豹

海豹是如何睡眠的？

知识快车

海豹的睡眠方式可谓与众不同。倘若在地面睡觉，就和陆地动物睡觉的样子相似；如果在水下睡觉，则每做一次呼吸，就要醒来一次。也就是说，在水下时海豹是在呼吸的间隙中抽空睡觉的。

酣睡的海豹

超级接链 海豹趣闻

南非妇女埃尔希怎么也没想到，自己的一番好心却差点儿令自己送了命。2005年10月29日，埃尔希在开普敦附近的一处海滩上想帮一只雌海豹返回大海，不料被海豹一口咬掉了鼻子。

集体出游

小问号看大天下

海狮是哺乳动物吗？
是的。

20 深海打捞员——海狮

白海狮

海狮群

海狮是一种十分聪明的海兽，经人调教后，能表演顶球、倒立行走以及跳跃距水面1.5米高的绳索等技艺，给人们带来无限欢乐。然而，海狮对人类最大的贡献和帮助，莫过于替人潜至海底打捞沉入海中的物品，即充当海底打捞员。当水深超过一定限度，潜水员无能为力时，海狮便开始发挥它高超的潜水本领，帮助人类完成一些潜水任务。例如，美国特种部队中一头训练有素的海狮，在1分钟内便将沉入海底的火箭取了上来，人们付给它的"报酬"只是一些乌贼和小鱼。

海狮是怎样分类的？

知识快车

海狮在地球上分布广泛，种类较多。目前，人们已知的海狮有14种。它们大致可分为两类：一类个头较大，体被稀疏的刚毛，没有或有极少绒毛，此类海狮共5种，如北海狮和南海狮；另一类个头较小，身上既有刚毛，又有厚而密的绒毛，此类海狮共9种，如生活在北太平洋的海狮。它们吼声如狮，加之有的种类雄性颈部长着像雄狮一样的长毛，因此得名海狮。

北太平洋的海狮

记忆力惊人的海狮

据美联社引述《新科学家》杂志的报道称，加州大学圣克鲁斯分校的海洋生物学家从1991年开始训练一只雌性海狮里奥。研究员先向里奥展示一张写有字母的卡纸，然后再展示两张卡纸，其中一张与它曾经看过的内容相同。如果里奥能够拿起字母相符的一张卡纸，便会获得一条鱼作为奖励。10年过去了，在2001年，研究员再次对里奥进行了同样的测试，结果令人大吃一惊：它的表现竟与10年前一样卓越。研究员由此发现，里奥可以牢记一些在多年前学习过的关于字母及数字的知识。

海狮表演

儒艮又称什么？
美人鱼。

21 名副其实的食草海兽——儒艮

儒艮在动物分类学上属于海牛目儒艮科，是国家一级保护动物，它的名字是由马来语直接音译过来的。世界上只有一种儒艮，生活在亚洲热带和亚热带浅海海湾，我国只在广西、广东、台湾沿海一带有儒艮生活。

儒艮是大型哺乳动物，身体呈流线型，有2～3米长，重250～400千克，皮下脂肪很厚。儒艮是名副其实的食草海兽，它们往往十多只群聚一起，凡水生植物基本上都能吃，主要以海藻、水草等多汁的水生植物以及含纤维的灯心草、禾草类为食。儒艮每天要吃掉45千克以上的水生植物，所以它的很大一部分时间都要用在摄食上。儒艮觅食海藻的动作酷似牛，一面咀嚼，一面不停地摆动着头部，所以它又有"海牛"一名。

优美的泳姿

儒艮摄食

儒艮有怎样的生活习性？

儒艮和鲸类一样，极适应海洋生活，从不离开海洋。它皮肤灰白，有稀少分散的毛，后肢已完全退化消失，取而代之的是一对圆形的尾裂片。儒艮每隔一年生产一次，每胎产一只。儒艮常成对或一小群活动，行动迟缓，游泳速度很慢。一般每小时游2海里左右，即便是在逃跑时，也不过每小时游5海里，每次潜水能达10分钟。儒艮常在早晨和傍晚出现在水面上，白天大都呆在三四十米深的海底，因为那里很少有鲨鱼和虎鲸出没。

儒艮一家

超级接链：需要保护的儒艮

儒艮体色灰白，体胖膘肥，油可入药，皮可制革。正因如此，儒艮屡遭人类杀戮，如不加以保护，就有可能灭绝。因此，为了提高人们保护儒艮的意识，我国已将儒艮列为国家一级保护动物。

儒艮的命运

所有的海蛇都有剧毒吗?
↓
是的。

22 剧毒无比的海洋杀手——海蛇

世界各大洋中约有50多种海蛇，我国近海约有20种。

海蛇与陆地上的蛇本是一家，只是后来由于环境的变迁而转移到大海里去安家落户。海蛇鼻孔朝上，有瓣膜可以启闭，吸入空气后，可关闭鼻孔潜入水下达10分钟之久。海蛇体表有鳞片包裹，鳞片下面是厚厚的皮肤，可以防止海水渗入和体液丧失。舌下的盐腺，具有排出随食物进入体内的过量盐分的机能。小海蛇体长约0.5米，大海蛇长达3米左右。它们栖息于沿岸近海，特别是河口一带，以鱼类为食。除极少数海蛇产卵外，其余均产仔，为卵胎生。

漂亮的海蛇

剧毒海蛇

海蛇是怎样繁殖后代的？

海蛇在繁殖季节往往聚集在一起，形成绵延几十千米的长蛇阵，这就是海蛇在生殖期出现的大规模聚会现象。完全水栖的海蛇繁殖方式为卵胎生，每次产下三四条20～30厘米长的小海蛇；能上岸的海蛇依然保持卵生，它们在海滨沙滩上产卵，把卵掩埋在沙里，任其自然孵化。

超级接链 海蛇的天敌

海蛇

海鹰

海鹰和其他肉食海鸟是海蛇的天敌。海鹰一旦看见海蛇在海面上游动，就会疾速从空中俯冲下来，衔起一条海蛇就远走高飞。尽管海蛇凶狠无比，可它一旦离开大海就没有了进攻能力，几乎完全不能自卫。另外，有些鲨鱼也以海蛇为食。

海龟有牙齿吗？
↓
没有。

23 古老的爬行动物 ——海龟

海龟是现今海洋中躯体最大的爬行动物，长度可达1米多，是海洋龟类的总称。海洋里生存着8种海龟：棱皮龟、红头龟、玳瑁龟、橄榄绿鳞龟、大海龟、绿海龟、黑海龟、平背海龟。所有的海龟都被列为濒危动物。

海龟的祖先远在2亿多年前就出现在地球上了。古老的海龟和中生代不可一世的恐龙一同经历了一个繁荣昌盛的时期。后来地球几经沧桑巨变，恐龙相继灭绝，海龟也开始衰落。但是，海龟凭借坚硬的背甲（龟壳）的保护，战胜了大自然带来的无数次厄运，顽强地生存了下来。海龟步履艰难地走过了2亿多年的漫长历史征程，真可谓是名副其实的古老、顽强而珍贵的动物。

海　龟

大海龟

为何海龟的生活是个谜？

很少有人了解海龟的生活，它的生活至今仍是一个谜。在短短几周之内，它几乎可以在大海里遨游数千千米，时速达40千米，每隔4.9分钟出水面换气一次。在水中，它每10分钟可下降60米。这就出现了一个巨大的谜团：海龟最多能下降到1 200米的海洋深处，那么它是如何下沉的呢？至今人们仍不知道它在进行这一如此勇敢的行为时，是靠什么来维持必不可少的呼吸换气的。

海龟潜水

小海龟出壳

超级接链 伟大的父爱

雌龟爬上海滩，在产卵并掩埋好卵之后便独自离去，返回大海不再复还。这时富有父爱的雄龟就辛辛苦苦地独自担当起护巢的艰巨任务。雄龟日夜守在巢穴周围，即使遇到狂风恶浪也不离去。若有其他动物闯入巢内偷吃龟卵，龟爸爸就会十分勇敢地与之搏斗，直至赶走偷盗者为止。如果发现龟卵被海浪冲走，龟爸爸就会小心地衔回来。就这样一直坚持到孵化出幼龟，并护着它的孩子们一同奔向大海。

鲍鱼属于鱼类吗?
不属于,它是一种软体动物。

24 名贵的珍馐——鲍鱼

古往今来,鲍鱼备受人们推崇,被视为珍馐美味。鲍鱼的肉好吃,是名贵的海产品。但鲍鱼并不属于鱼类,而是一种爬附在浅海低潮线以下岩石上的单壳类软体动物。

鲍鱼的身体外边包着一个较厚的石灰质的壳,这是一种右旋的螺形贝壳,呈耳状。它的足部特别肥厚,分为上下两部分:上足生有许多触角和小丘,用来感觉外界的情况;下足伸展时呈椭圆形,腹面平,适于附着和爬行。我们吃鲍鱼时,主要是吃它足部的肌肉。

鲍鱼美食

鲍鱼

鲍鱼有哪些生活习性？

知识快车

鲍鱼为狭温狭盐性贝类，生活在水流湍急、海藻繁茂的岩礁地带，沿海岛屿或海岸向外突出的岩角都是它们喜欢栖息的地方。它们大多生活于岩礁的缝隙或石洞中，喜欢吃褐藻或红藻，如盘大鲍很喜欢吃裙带菜、幼嫩的海带和马尾藻等。鲍鱼的食量随季节而变化，一般水温较高的季节吃得多；冬季不大活动，吃得少。

超级接链 海味八珍

活鲍鱼

鲍汁海参

鲍鱼素有"海味之冠"的美誉，自古以来一直为"海味八珍"之一。所谓"海味八珍"，是指海产品中的干贝、鱼翅、鲍鱼、海参、鱼肚、鱼唇、鱼子和燕窝。

海兔是哺乳动物吗？
↓
不是。

25 奇特的海中兔子——海兔

海兔是生活在珊瑚礁上的大型甲壳类软体动物，是海洋里的兔子。可它与陆地上的兔子不一样，既不会蹦，也不会跳，只能在海底像蜗牛一样慢慢地爬行。在海底，当海兔静止的时候，头部即伸出一对用于"搜集情报"的触角，仿佛陆生兔子的一双长耳朵，而它蜷曲的身体也活像一只趴在地上的兔子。因此，海洋生物学家便把它定名为"海兔"。

爬行中的海兔

海兔的色彩十分艳丽，身体柔软，软体部分肥厚而扁平。头部很发达，有一对口触角和一对嗅角，末端卷曲像耳朵的形状。眼睛位于嗅角的外侧。淡灰色的身体上分布着点点蓝斑。最为奇特的是，海兔的肛门长在其身体的中央，并且一律"朝天开放"，这在动物世界可谓"独树一帜"。

漂亮的海兔

海兔是怎样保护自己的？

海兔虽然生活在危机四伏的海底藻林中，但它却能平安无事地生存繁衍，这不能不归功于它那高明绝妙的"隐身术"——拟色，即可以改变自己身体的颜色，使自己与周围环境融为一体。除拟色外，海兔还有一套高明的御敌手段，那就是放毒和打"烟雾弹"，用以麻醉敌人，保护自己。

海兔打"烟雾弹"

超级接链 海兔卵

海兔的绳状卵带也称卵群，晒干后就是东南沿海人俗称的"海粉"或"海挂面"，是一种珍贵的海味。用它做汤、炒菜，不但味道鲜美，而且富有营养。除作为海味食品外，海兔卵还是一味很好的保健药品。

花点海兔

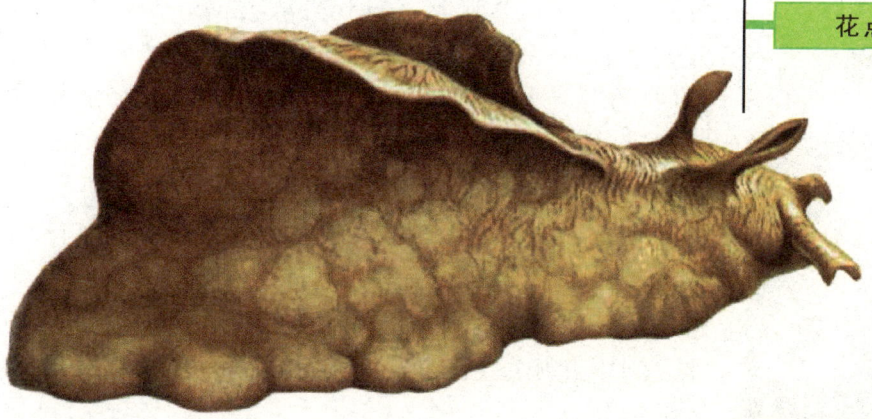

鹦鹉螺属于哪个科目？
↓
头足纲鹦鹉螺目。

26 海中奇妙的活化石——鹦鹉螺

鹦鹉螺的种类很少，现存的只有生活在海底的鹦鹉螺，它是现存软体动物中最古老、最低等的种类，也是研究生物进化、古生物与古气候的重要依据，故有"活化石"之称。

鹦鹉螺的贝壳很美丽，构造也颇具特色。这种石灰质的外壳大而厚，左右对称，沿一个平面做背腹旋转，呈螺旋形。贝壳外表光滑，灰白色，后方间杂着许多橙红色的波纹状。鹦鹉螺的壳由两层物质组成，外层是磁质层，内层是富有光泽的珍珠层。壳的内腔由隔层分为30多个壳室，鹦鹉螺的软体部分就藏身于最后一个隔壁的前边，即被称为"住室"的最大壳室中。其他各层由于充满气体均称为"气室"。壳的每一隔层凹面向着壳口，中央有一个不大的圆孔，被体后引出的索状物穿过，彼此之间以此相联系，因此也被誉为"自然界最奇妙的设计"。

鹦鹉螺猎食

鹦鹉螺

鹦鹉螺是如何演变的？

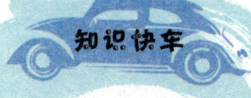

鹦鹉螺属软体动物头足纲，早在距今5亿多年前就出现了，分布在全球范围内，有350多种。与它同类的章鱼、鱿鱼、乌贼等在进化发展中身体发生了很大变化，身体外的壳有的转入身体里面，如乌贼；有的仅仅留下一层胶质的薄膜，如鱿鱼；还有的壳已经消失了，如章鱼。唯独鹦鹉螺的壳自从演变成现在的模样后，就没有再发生多大变化。

章　鱼

鹦鹉螺工艺品

超级接链　神奇的海底天文学家

鹦鹉螺气室上的许多环纹称为生长线。同一个时代的鹦鹉螺化石，其生长线数目是一样的。但是，这些生长线数目随年代的不同而变化。通过研究鹦鹉螺化石发现，从远古到现代，生长线数目越来越多。据研究表明，鹦鹉螺生长线的数目与当时月亮绕地球一周所需要的天数是一致的，如现在的鹦鹉螺的生长线有30条，正好与现在月亮绕地球一圈所用的时间一致。因为鹦鹉螺壳记录了月亮与地球的旋转关系，所以便有了"海底天文学家"的美誉。

石鳖又叫什么？
铁甲、海底将军。

27 身着铠甲的海底将军——石鳖

石鳖结构示意图

壳 — 口 — 头 — 足 — 鳃 — 肛门

海底将军

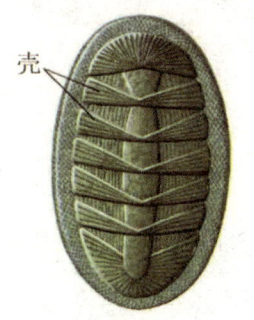

石鳖属多板纲中原始类型的贝类，呈卵圆形，身体一般很小，主要以进食水草为生。石鳖的种类很多，主要有西印度石鳖、条纹石鳖、蝴蝶石鳖等，在世界各地的海洋里都有分布，通常生活在海水盐度正常的礁岩海岸或盐度较高的大洋底部。在中国海域常见的石鳖种类长度约2~3厘米。其颜色和岩石一样，形状有点儿像陆地上的潮虫。石鳖的身体背面生长着覆瓦状排列的、由8块石灰质壳片形成的一组贝壳。在这些贝壳的周围，外套膜的表面还生有许多小鳞片、小针骨、角质毛等等，从背部看就像是一个全身披甲的武士，因此人们又叫它"海底将军"。这使得其他动物很难去侵犯它。

石鳖都是素食主义者吗？

答案是否定的。石鳖中的另类——戴面纱的石鳖就不吃素，它们用自己的面纱做成一个呈45°角的"陷阱"，当一些不知危险的小动物（如小鱼、小螃蟹等）靠近"陷阱"时，石鳖就会立即拉下面纱，罩住猎物，然后便津津有味地享受这些美味了。

礁石上的石鳖

进食工具——齿舌

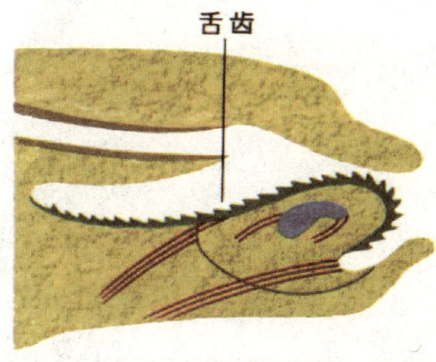

北美的太平洋海岸有一种石鳖，它的身长可长到43厘米左右。这种石鳖生有进化得很有效的进食工具——齿舌，可以用它刮下长在石头上的水藻，填饱自己的肚皮。

石鳖舌齿示意图

螃蟹怎么走路？
↓
横着走。

28 蟹中之王——帝王蟹

帝王蟹，俗称阿拉斯加皇帝蟹，因其个子硕大（大的每只可达10千克，小的每只也有3～4千克），素有"蟹中之王"的美称，同时又因生长于寒冷的深海水域未受污染而深受人们喜爱。它肉质坚实，口味肥美，是令人垂涎欲滴的健康食品。

帝王蟹主要产于阿拉斯加白令海和阿拉斯加东南部海域，人们主要靠诱捕箱进行捕捞。捕捞地和捕捞时节因种类不同而有所差别：在白令海，9～10月份可以捕捞红色和蓝色帝王蟹，而金色帝王蟹则可全年捕捞；在阿拉斯加东南海域，11月份可捕捞红色帝王蟹，2月份可捕捞金色帝王蟹。

美味帝王蟹

横行的帝王蟹

帝王蟹含有哪些营养成分？

知识快车

按每100克帝王蟹肉计算，其营养指标如下：热量为405.85千焦，胆固醇为53毫克，蛋白质为19.2克，脂肪为1.5克，不饱和脂肪酸为0.1克，钠盐为1072毫克。

帝王蟹

超级接链 不交"房租"的寄居蟹

寄居蟹

寄居蟹又名"白住房"、"干住屋"，这是因为它非常凶猛，常用其强有力的螯挖出软体动物、贝类的肉吃掉，然后霸占其壳为己有，且住"房"从不交"房租"。寄居蟹的身体是不对称的，尾部像田螺一样，方便钻入壳中。螺壳是它的重要保护工具，没有壳的保护，它便毫无防御措施。

最常见的海蟹是哪种？
↓
梭子蟹。

29 横行公子——梭子蟹

梭子蟹

美味梭子蟹

梭子蟹是市场上出现最多的海蟹，属于节肢动物门甲壳纲。其头胸甲前缘左右两侧各有9枚锯齿，最后1齿最为长大，且横向侧方突出，使头胸甲中部宽大，两侧尖细，酷似织布用的梭子，故而得名。它的第五对足平扁如桨，称游泳足，有较强的游泳能力。

地球上共有275种蟹类，常见的梭子蟹有红星梭子蟹、运海梭子蟹和三疣梭子蟹等。梭子蟹生长在近岸浅海，栖息于水深10～50米的海区，其中以10～30米泥沙底质的海区最密集。梭子蟹不喜强光，白天多潜伏在海底，夜间则游到水层觅食，喜食动物尸体，即使是一条死鱼或死虾，也常常会招来蟹群争食。

蟹腿能辨别味道吗？

知识快车

蟹有一个特异功能，即除了口和螯的尖端外，另外的8条腿也有辨味的本领。下面的实例便证明了这一点。1930年，生物学家将一只蟹放在吸墨纸上，并在纸面上滴了几滴肉汁，当这只蟹的腿碰到肉汁后，便立刻抓住纸面不放，并开始咬食。

腿足发达的蟹

超级接链 可怕的灭绝性"武器"

我国的梭子蟹资源现在已经遭到了严重的破坏，这是什么原因造成的呢？原来渔民"发明"了一种装上铁耙子的拖网，成千上万只渔船如同耙地一样，在梭子蟹越冬的海区地毯式地来回梳篦，把潜伏在泥沙中冬眠的梭子蟹都耙了出来。这种掠夺式的捕捞，严重地毁坏了梭子蟹的"根基"，使梭子蟹遭遇了灭绝性的洗劫。

捕蟹

"海底鸳鸯"指哪种动物？

指鲎，又称马蹄蟹。

30 节肢动物的活化石
——鲎

沙滩漫步

鲎是一类与三叶虫一样古老的动物，其祖先出现在古生代的泥盆纪（距今3.55—4.1亿年前），当时恐龙尚未崛起，原始鱼类刚刚出现。随着时间的推移，与它同时代的动物或者进化或者灭绝，唯独鲎在4亿多年后仍保留其原始而古老的相貌，所以有"活化石"之称。

鲎，世界上现仅存四五种，主要分布在太平洋沿海、北爱尔兰沿海、北美洲东部沿海到墨西哥湾一带。我国东南沿海也有分布。鲎形似蟹，身体呈青褐色或暗褐色，有硬质甲壳。它全身分为头胸甲、腹甲、剑尾三部分。剑尾酷似一把三角刮刀，挥动自如，是鲎的防卫武器。鲎的嘴巴长在头胸甲的中间，嘴边有一对钳子似的小腿，帮助摄取食物，嘴的周围长有10条腿。除了海龟和虎鲸等，鲎天敌不多，因此得以存活至今。

鲎的剑尾

"海底鸳鸯"美誉由何而来?

知识快车

海中的鲎大都是成双成对的。这是因为雌鲎的前4条腿上长着4把钳子,雄鲎长着4把钩子,雄鲎总是把钩子搭在雌鲎的背上,让"妻子"背着自己四处"旅行"。每到春夏季鲎的繁殖季节,雌雄一旦结为夫妻,便从此形影不离,故有"海底鸳鸯"之美称。

形影不离

超级接链 鲎试剂的医疗价值

鲎试剂

鲎是少见的蓝血动物,且血液中含有铜离子。这种蓝色血液的提取物——鲎试剂,可以准确、快速地检测人体内部组织是否因细菌感染而致病;在制药和食品工业中,还可用它对毒素污染进行监测。

对虾是怎样得名的？

因常常成对出售而得名。

31 八大海珍品之一——对虾

说起对虾，相信大家都不会陌生吧！它味道鲜美，营养丰富，被人们誉为八大海珍品之一。对虾是一种节肢动物，通称大虾，甲壳薄而透明，第二对触角上的须很长。雌性成年个体体长通常为16～22厘米，重约50～80克，最大的可达30厘米，重250克；雄性较小，体长13～18厘米，重30～50克。根据生活习性，可将对虾分为定居型（如宽沟对虾、欧洲对虾等）和洄游型（如中国对虾、长毛对虾）两大类，前一类栖息于沿岸浅海，白天常潜入沙底，不做大范围的移动；后一类栖息于河口沿岸的混浊海域，常做大范围的移动和洄游。对虾主要以底栖无脊椎动物为食，如多毛类、小型甲壳类和软体动物等，有时也捕食浮游动物。

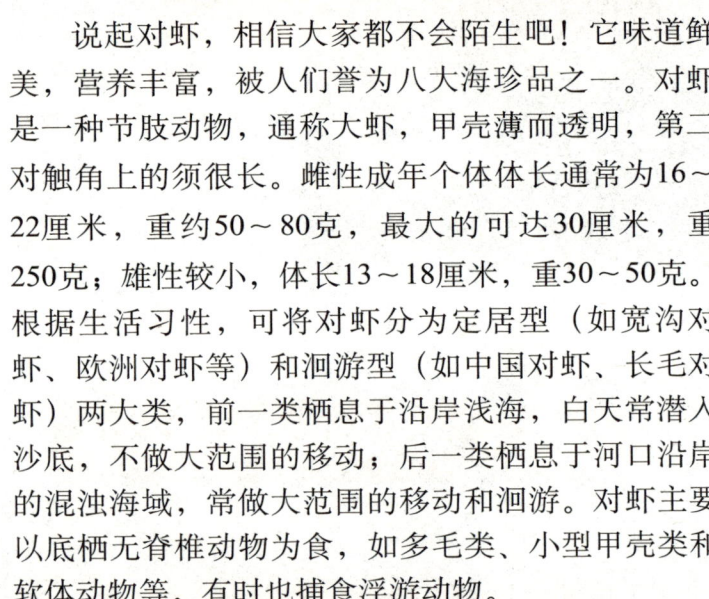

鲜虾美食

对 虾

中国对虾是如何成长的？

对虾属中有一种最特殊的对虾，那就是中国对虾，分布于亚热带海域的边缘区，对环境的适应能力较强，有长距离洄游习性，在低于10℃或高于30℃的温度条件下生存。中国对虾在5月前后于黄海、渤海繁殖产卵，受精卵孵化成为幼虫，体呈卵圆形，不分节，仅有3对附肢，与成虾毫无相似之处。经6次蜕皮，变为蚤状幼体，然后蜕皮3次变为糠虾幼体，再经3次蜕皮变为仔虾，形态构造与成体相似，体长不过5毫米，过游浮生活，再经几次蜕皮，才可下沉到海底生活，逐渐长成大虾。

成群的幼虾

超级接链 斑节对虾

斑节对虾又称草虾、花虾、牛形对虾，联合国粮农组织称其为大虎虾。该虾是对虾中个体最大的一种，发现的最大个体长33厘米，体重500～600克。成熟虾一般体长22.5～32厘米，体重137～211克。其营养价值很高，是深受消费者欢迎的名贵虾类。

斑节对虾

龙虾的显著特征是什么?

头胸甲背面前部有4条脊突。

32 虾的统帅——龙虾

澳洲大龙虾

大龙虾

龙虾体表被覆一层光滑的坚硬外壳,呈淡青色、淡红色。龙虾身体分头胸部和腹部,头胸部稍大,背腹略扁平,头胸部与腹部均匀连接。头胸甲背面前部有4条脊突,居中两条较长、较粗,从额角向后伸延;另两条较短小,从眼后棘向后延伸。头部有触须3对。胸部有5对步足,第1~3对步足末端呈钳状,第4~5对步足末端呈爪状;第2对步足特别发达,成为很大的螯,雄性的螯比雌性的更发达。雄性龙虾的前外缘有一鲜红的薄膜,十分显眼;雌性则没有红色薄膜,因而红色薄膜成为雄雌区别的重要特征。龙虾喜欢栖息在水草、石隙等隐蔽物中。它们昼伏夜出,不喜强光。

龙虾是掘洞能手吗？

人们通过对35例克氏螯虾洞穴的实地测量后发现，大多数洞穴的深度在50～80厘米，约占测量洞穴的70%左右，部分洞穴的深度超过1米，最深的一处洞穴达2.1米。通常，横向平面走向的龙虾洞穴才有超过1米以上深度的可能，而垂直纵深向下的洞穴一般都比较浅。龙虾的掘洞速度很快，尤其是将它放入一个新的生活环境中时尤为明显。

掘洞能手

 小龙虾

小龙虾是克氏螯虾的别称，也叫"蝲蛄虾"或者"螯虾"。小龙虾是海洋动物大家族的成员之一，与龙虾、大螯虾、蟹、河虾及对虾同属节肢动物门甲壳纲，形状似龙虾，但个子比龙虾短小，因此得名小龙虾。它的第一对步足极为发达，类似于蟹的螯，其外壳色泽艳丽，呈血红色。

小龙虾

世界上有几种砗磲?
⬇
人类已知的只有6种。

33 贝类之王——砗磲

砗磲化石

砗磲是分布于印度洋、西太平洋的一类大型浅海双壳类动物。我国的台湾、海南、西沙群岛及其他南海岛屿也有分布。1983年，砗磲被列为"世界稀有物种"。

砗磲是海洋中的寿星，寿命可达百岁以上，被誉为"贝类之王"。它壳体大而厚实，壳边缘呈弯曲褶皱，形状如敞开的荷叶边形，壳面具有隆起的放射肋纹，壳顶部的前方有一个小孔，这是足丝的出处，足丝从孔中伸出来，可牢牢地附着在礁石上。壳外表常呈雪白色、浅黄白色；内壳壁为白色，表面光润；外套膜极为绚丽多彩，常有黄、绿、青、紫各色的花纹晕彩，十分美丽。

巨大的砗磲

砗磲是怎样生存的？

砗磲通过流经体内的海水把食物带进来，它在壳内寄养着虫黄藻（一种单细胞藻类）。它的外套膜为虫黄藻提供了生长环境（如提供空间，光线，代谢产物中的磷、氮和二氧化碳，使其充分繁殖），同时又使虫黄藻成为自己的主要饵食。虫黄藻和砗磲具有共生关系，这在动物界是很罕见的。

美丽的砗磲贝壳

大珍珠

超级接链：天价珍珠——蚵珠

世界上最大的一颗天然珍珠——蚵珠就产于砗磲贝中。

据报道：1934年，菲律宾渔民在浅海中捕捞，有个渔民潜水本领很高，却在一次下水后再也没有上来，原来他被一个巨大的砗磲夹死了。渔民们把砗磲巨贝和这个渔民一起打捞上来后，发现巨贝中有一颗人头大小的巨型珍珠，把它献给了岛上的酋长。这颗珍珠现存放于美国旧金山的一家银行里，直径为27.94厘米，重量为6 350克，价值高达408万美元。

小问号大天下

牡蛎为何又称"海底牛奶"?

因它像牛奶一样所含营养丰富。

34 海底牛奶——牡蛎

牡蛎

牡蛎是一种固着在海滨岩礁上的海洋贝类,种类颇多,我国沿海分布约有20多种。牡蛎有两扇贝壳,形状千姿百态,有三角形、扇形、卵圆形和狭长形等多种。贝壳的颜色与周围岩礁的色彩很相似,有淡黄色、青灰色、灰绿色和黄褐色等多种,中间还夹杂着色彩斑斓的条纹。

牡蛎美食

牡蛎爱吃素食,主要吞食海洋里的硅藻类(一种单细胞藻类)。奇特的是,牡蛎除了对食物体的重量和颗粒大小有严格的选择外,至于食物的食用价值如何并不讲究,真所谓"吃进肚里都是食"啊!因此,在它的消化器官中经常可以找到大量沙粒和各种不容易消化的物质。更有趣的是,牡蛎的进餐是有一定时间性的,它们往往在明月当空的晚间进食。

牡蛎是怎样生活的？

牡蛎与鱼类大不相同，它们既没有眼睛，也没有耳朵，却有一张覆盖在身体上的白色透明的皮肤——即它的"眼睛"，叫做外套膜。外套膜的边缘长有许多柔软的小触手，这是牡蛎感觉最灵敏的器官，具有强烈的感光性能。当鱼类或其他爬行动物经过它身旁时，由于突如其来的物体将外套膜所感到的光线遮挡而产生阴影反射，这个危险的信号闪电般传递给牡蛎，牡蛎便迅速将贝壳合拢，以保护自身的安全。这种特殊的生理现象，是牡蛎在长期的演变过程中形成的，也是对变幻莫测的海洋环境的一种适应。

岩礁上的牡蛎

 "海盗"和"凶手"

牡蛎的贝壳虽然坚硬厚实，但绝不是"铜墙铁壁"，海洋中不少狡猾的"海盗"和"凶手"能攻破牡蛎的坚固"堡垒"。如体色非常好看的海星，当它发现牡蛎时，往往会爬到牡蛎的贝壳上，利用强有力的腕足使劲地拉开蛎壳，然后毫不留情地饱食一餐。此外，那些栖居在海滩上的红螺，也称得上是"吃蛎大王"。当它们爬到牡蛎壳上准备觅食时，会先从体内分泌出一种酸性液体，在蛎壳上腐蚀一个小孔，然后伸入尖细的舌头，将蛎肉吸光。

海星

枪乌贼是乌贼的一种吗？
不是，它是鱿鱼的一种。

35 舞文弄墨——乌贼

乌贼属于无脊椎动物软体动物门，体呈袋形，背腹略扁平，侧缘绕以肉质狭鳍。头部发达，有一对大眼。头顶有口。口的周围有10条腕，其中2条触腕与身体同长，顶端扩大如半月形勺，上面生有许多小吸盘，其余8条腕较短，上面生有4列吸盘，均有角质齿环。在腹面，头的下方有一个锥状肉质漏斗，为生殖细胞、排泄物、水和墨汁的出口，也是乌贼主要的运动器官。乌贼体色苍白，皮下有色素细胞，因而出现色泽不同的各种斑点。它体内墨囊发达，遇敌即放出墨汁而逃避，所以又称"墨鱼"。

枪乌贼

奇特的乌贼

乌贼的游泳速度有多快？

乌贼是海洋中的游泳健将。它靠肚皮上的漏斗管喷水的反作用力飞速前进，其喷射能力可以使乌贼从深海中跃起，跳出水面高达7～10米，在空中飞行50米左右。乌贼在海水中游泳的速度通常可达每秒15米，最大时速可高达150千米。

游泳健将

乌贼之最

最大的乌贼是大王乌贼，体长达18米。最小的乌贼分布在太平洋，叫细乌贼，体长仅为1厘米。小乌贼的构造与其他家族成员一样完整，运动量绝不亚于大乌贼。

大王乌贼

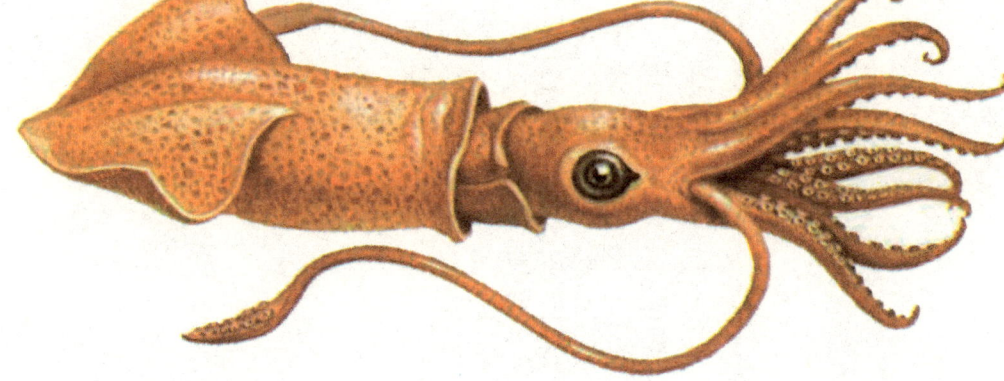

小问号看大天下

章鱼是卵生动物吗？
是的。

36 海底建筑能手——章鱼

白色章鱼

八带鱼

章鱼与乌贼同属无脊椎动物软体动物门，体呈短卵圆形，无鳍，头上生有8条腕，故又称"八带鱼"。章鱼腕间有膜相连，腕上具有两行无柄的吸盘，多栖息于浅海沙砾、软泥底以及岩礁处。章鱼为肉食性动物，以双壳鳃类和甲壳类为食。春末夏初，它喜欢在螺壳中产卵。秋冬季常穴居较深海域的泥沙中。章鱼平时用腕爬行，有时借腕间膜的伸缩来游泳，或用头下部的漏斗喷水做快速退游。我国常见的章鱼有短蛸、长蛸和真蛸等。

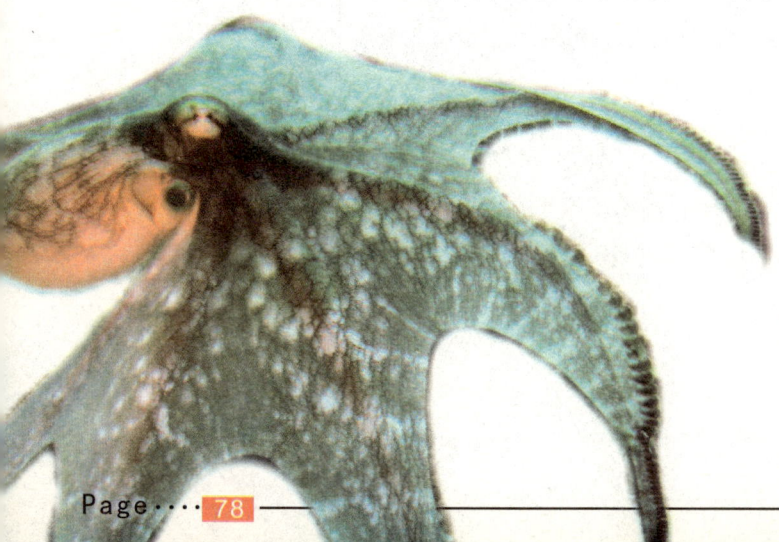

章鱼凭借什么横行海中?

其一,有8条感觉灵敏的触腕。每条触腕上约有300多个吸盘,使它力大无穷。

其二,有保护色。即便受伤也不会立即失去变色能力。

其三,有再生能力。每当触腕断后,伤口处的血管就会极力收缩,使伤口迅速愈合,不久便会长出新的触腕。

其四,有脱身绝技。由于章鱼能将水存在套膜腔中,依靠溶解在水中的氧气生活,因此即使离开海水也能存活数天。

章鱼的触腕

八腿章鱼

简单区分章鱼和乌贼

一、章鱼有8条腿,乌贼有10条腿;章鱼的腿上有吸盘,乌贼的腿上没有吸盘。

二、章鱼没有墨囊,不能放墨;乌贼有墨囊,可以放墨。

水母出现于何时？
↓
大约6亿年前。

37 轻盈飘逸的透明伞——水母

水母

飘逸的水母

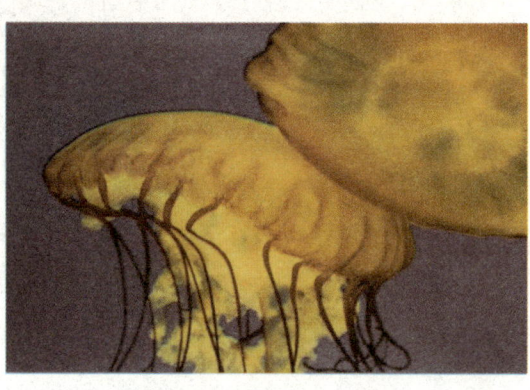

　　水母是一种低等的腔肠动物，常见于各地的海洋中。它的身体像一把"透明伞"，直径大都在10～100厘米之间，体形较大的霞水母直径可达2米。水母伞缘有很多触手，口位于伞状体下面中央。水母的寿命大多只有几个星期，也有活到一年左右的，有些深海水母可活得更长些。

　　水母种类很多，全世界大约有250种。人们往往根据它们伞状体的不同来分类：有的伞状体发银光，叫银水母；有的伞状体像和尚的帽子，叫僧帽水母；有的伞状体仿佛是船上的白帆，叫帆水母；有的宛如雨伞，叫做雨伞水母；有的伞状体上闪耀着彩霞般的光芒，叫做霞水母……

水母是怎样发光的？

水母的发光源不同于其他动物。其他动物大多是因荧光素、荧光酶经过氧的催化作用而发光，而水母发光依靠的却是一种叫埃奎林的神奇蛋白质，这种蛋白质遇到钙离子就能发出较强的蓝色光。据科学家研究，每只水母大约含有50微克的发光蛋白质。

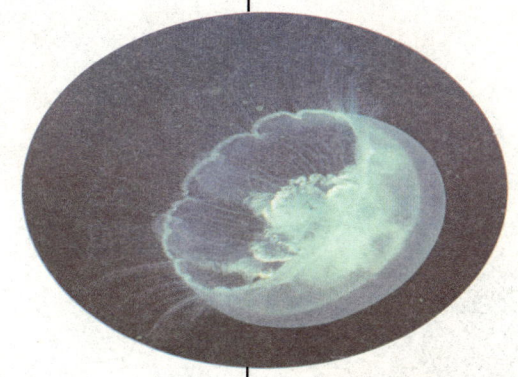

晶莹发光的水母

超级接链 有毒的水母

水母的触手上布满刺细胞，像粘在触手上的一颗颗小豆。这种刺细胞能射出有毒的丝。当遇到敌害时，水母便射出毒丝，把敌害吓跑或将其毒死。

澳大利亚箱形水母是世界上毒性最强的水母，也是世界上最毒的海洋生物之一。人一旦被它的触须刺中，3分钟之内便会死亡。

有毒的水母

海葵是植物吗？
↓
不是，它是一种肉食动物。

38 美丽的海葵花
—— 海葵

陆地上的葵花只在夏季开放，而在烟波浩渺的海洋中，却有一年四季盛开不败的"海葵花"，可长开300年而不谢，它就是海葵，因形状宛如葵花而得名。

海葵是腔肠动物珊瑚纲中的一个大类。海葵形态繁多，有上千种，一般呈圆筒状，体色艳丽，基部附着在岩石、贝壳、沙砾或海底。海葵上端是圆形的盘，周围有几条到上千条菊瓣似的触手，但无论触手多少，总会是6的倍数。大多数海葵生活在浅海中。

海　葵

猎取美食

海葵怎样猎取食物？

生活在礁盘上的大海葵，具有天蓝色、黄色的触手，组成鲜艳的"花丛"。触手上有刺丝囊，那是它们用来麻痹猎物的工具。游鱼和小虾争相嬉戏于"花丛"之中，一旦被海葵触手中的刺细胞刺中，便被麻痹，最后被触手卷入口中，成为海葵的美餐。

营固着生活方式

多数海葵用基盘将自己固定在岩石、木头、贝壳、螃蟹等物体上生活，这种生活方式叫做营固着生活。除海葵外，海绵、海百合、藤壶、牡蛎、海鞘和各种珊瑚也在水体基底营固着生活。它们有较强的繁殖力，有的出芽生殖，形成群体；有的产生大量浮浪幼虫，遇到合适的基底就固着下来。

触手上的丝囊

海百合

珊瑚必须与虫黄藻共生吗?

大部分是,冷水珊瑚除外。

39 多姿多彩的海底之花
——珊瑚

珊瑚

美丽的珊瑚

珊瑚看似植物,实际上和海葵一样,是一种腔肠类动物。活珊瑚在海水中五光十色,黄、绿、紫、红……色彩鲜艳夺目,被称为"海底之花"。我们日常所见的白色珊瑚,实际上是珊瑚死后留下的残骸与骨骼。

珊瑚虫生活在温暖的海洋里,拥挤固着在岩礁上。珊瑚虫很小,在显微镜下才能看清楚。它没有眼睛和鼻子,只有灵敏的触手,这也是它的感觉器官。它触手随水流慢慢漂动,自由伸缩,捕捉流经附近的浮游生物和碎屑。当它受到惊吓时,会即刻将触手缩回藏起来。珊瑚虫的嘴被触手包围着,只留有一个小口,叫做口道。口道进去就是一根直肠,没有食道和胃,因此珊瑚肛门和嘴不分家,是一种低等动物。

珊瑚虫有哪些克星？

海洋中喜欢吃珊瑚虫的动物很多，它们中既有无脊椎动物（如长棘海星），也有许多鱼类（如鹦鹉鱼、扁背鲀等等）。长棘海星属于棘皮动物，它们吃珊瑚虫的方法很独特，首先把珊瑚虫裹住，然后翻出胃来把珊瑚虫一个个吃掉，最后仅剩下骨骼。此外，鹦鹉鱼、扁背鲀也是珊瑚虫的天敌。它们用坚硬的牙齿啃咬珊瑚枝，并用特殊构造的咽齿把珊瑚虫压碎，吞进肚里。

海洋中的"建筑师"

珊瑚虫在生长过程中能吸收海水中的钙和二氧化碳，然后分泌出石灰石，变为自己的外壳。珊瑚虫不断地分泌出石灰石，并黏合在一起。老的珊瑚虫死去了，新的又不断生长，日积月累，死珊瑚虫的石灰质骨骼便形成了珊瑚礁、珊瑚岛。

海　星

珊瑚礁

海绵何时确定为动物身份？

1825年。

40 最简单的多细胞动物——海绵

海绵

桶状海绵

海绵是世界上结构最简单的多细胞动物。说它简单，是因为它既没有头也没有尾，没有躯干和四肢，也没有神经和器官。海绵大多存在于海水中，少数生活在淡水里，因身体柔软而得名。它虽属于动物，但不能行走，只能附着固定在海底的礁石上，从流过身边的海水中获取食物。

海绵的体壁由内、外两层细胞构成，外层细胞扁平，内层细胞长有鞭毛，多数有原生质领，又叫领细胞。在内外两层细胞之间，还有一层中胶层，其中有像变形虫似的游离细胞、生殖细胞、造骨细胞、海绵丝细胞等等。

海绵如何获取食物？

知识快车

海绵的捕食方法十分奇特，是一种滤食方式。单体海绵很像一个花瓶，"瓶"壁上的每一个小孔都是一张"嘴巴"。海绵通过不断振动体壁的鞭毛，使含有食饵的海水不断地从这些小孔渗入"瓶"腔，进入体内。当海水通过"瓶"壁渗入时，水中的营养物质，如动植物碎屑、藻类、细菌等，便被领细胞捕捉后吞噬。经过消化吸收，那些不能消化的东西就会随海水从出水口流出体外。

海绵摄食

超级接链 孤独的海绵

海绵总是形单影只地独处一隅，凡是海绵栖居的地方就很少有其他动物的身影。科学家的解释是：首先，海绵对那些贪食的动物没有任何吸引力，它浑身覆满骨针和纤维，使其他动物难以下咽；其次，海绵大多栖息在有海流流动的海底，而很多动物难以在这种环境中生活。另外，海绵身上通常都有一股难闻的恶臭，这也可能是其他动物不愿与之为伍的原因之一。

红海绵

小问号 大天下

海百合会行走吗？
→
它一辈子扎根海底，不能行走。

41 棘皮动物中的老者——海百合

全世界现存620多种海百合，一般分为有柄海百合和无柄海百合两大类。

有柄海百合以长长的柄固定在深海底，那里没有风浪，不需要固着物。柄上有一个花托，包含了它所有的内部器官。它那细细的由枝节构成的腕从花托中伸出，能活动，侧面还有更小的像羽毛一样的枝。它的腕像风车一样迎着水流，以捕捉海水中的小动物为食。

无柄海百合没有长长的柄，而是长着几条小腕，口和消化管位于花托状结构的中央，既可以浮动，又可以固定于海底。浮动时腕收紧，停下来时就用腕固着在海藻或海底的礁石上。

海百合是典型的滤食者，捕食时将腕高高举起，将浮游生物或其他悬浮有机物质捕捉后包上黏液，送入口中。

无柄海百合

有柄海百合

海百合的名字是怎么来的？

海百合属于海洋棘皮动物，是其中最古老的物种。它不是植物，并且不能够离开海水生活。不过，因为它漂亮的外表和百合花相近，因此人们把它命名为"海百合"。

艳丽的海百合

 海中仙女——羽星

有一种无柄海百合，它五彩缤纷，悠悠荡荡，四处漂流，被称为"海中仙女"，生物学家为它另起美名——"羽星"。羽星体含毒素，许多鱼儿不敢碰它。由于羽星可自由行动，身体又能随环境改变颜色，于是它们成了海百合家族中的旺族，现存480多种。

羽　星

海鞘属于高等动物吗？
⬇
是的。

42 形似植物的脊索动物——海鞘

近观海鞘

海鞘是一种营固着生活的动物，体外被一层类似刀鞘的被囊套着，使其身体得到保护并维持一定形状。这是动物界独一无二的一种现象，海鞘也因此而得以扬名。海鞘的形状多种多样，有的像茄子，有的似花朵，有的宛若茶壶……如果用手指触动海鞘，它就会从出水管孔射出一股强有力的水流，然后由原来的挺立状态变为绵软倒伏状。它通过入、出水管孔不断地进行从外界吸水、从体内排水的过程，由鳃获取水中的氧气进行呼吸，由肠道摄取水中的微小生物作为食物。

各种形态的海鞘

有的海鞘在生育时有一个奇特的现象，那就是能在身体上长出一个芽体，这个芽体在长大后会脱离母体，然后发育成一个新海鞘。

海鞘是怎样进化的？

刚出生的海鞘像小蝌蚪，有脑袋有眼睛，尾部很发达，中央有一条脊索，脊索背面有一条直达身体前端的神经管，咽部有成对的鳃裂，且能在水里自由游泳。然而，几小时后它的身体前端就会渐渐长出突起并吸附在其他物体上。随后，尾部逐渐萎缩直至消失，最后只留下一个神经节。海鞘这种由小到大的变态与进化的方向正好相反，所以生物学上将这种现象称为"逆行变态"。

小海鞘

超级接链 海鞘与人类

海鞘

海鞘形状很像植物，广泛分布于海洋中，从潮汐线到千米以下的深海中，都有它们的足迹。它们以自己特有的本领附着于船舰底部，加之数量众多，所以往往影响船只的行进速度，船舰因此而消耗油量；而且还会附着堵塞船舰水下管道，影响水流畅通，从而造成危害。

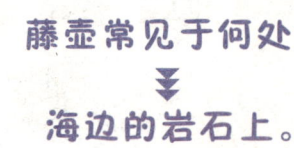

藤壶常见于何处？
↓
海边的岩石上。

43 不会走的节肢动物——藤壶

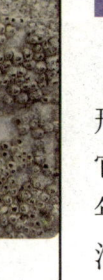

群居的藤壶

近观藤壶

　　藤壶是节肢动物大家族中的又一分支。由于其形状有些像马的牙齿，所以生活在海边的人们常叫它"马牙"。藤壶虽然是甲壳类动物，但是它的成年体既不会游泳，也不会爬行，而是过着固着生活。藤壶的身体被包在钙质壳里，壳的形状就像一座座小火山，直径约有5～50毫米，分为上下两部分，上部是1～2块能活动的板，下部是6块不能活动的板围成的壁，被固定在基板上。板张开时，其胸肢可以从壳里伸出来捕捉食物；遇到危险或者退潮时，则可把自己封闭在壳里。

　　藤壶要生存，要繁衍后代，就必须成群地固着在一起生活。藤壶有复杂的机制，可以保证它们能够找到群体。

藤壶为何能附着于物体上？

知识快车

藤壶不但能附着在礁石上，还能固着在船体上，即使惊涛骇浪也冲刷不掉。

这是因为藤壶在每一次蜕皮之后，都要分泌一圈黏性的藤壶初生胶，这种胶含有多种生化成分，有极强的黏着力。目前，藤壶的这种奇特胶已引起人们的关注，一旦开发成功，便会在水下抢险补漏工作中大显身手。

超级接链 奇特的藤壶幼虫

附着在礁石上

藤壶幼虫有长长的触须，其体内有油珠，可以增加浮力。随着油珠的消耗，藤壶渐渐沉到海底，经过几次蜕皮后，就会找到比较合适的地方定居下来。

藤　壶

海星以什么为食?
以行动迟缓的海洋生物为食。

44 奇特的海洋之星 —— 海星

馒头海星

奇特的海星

海星是棘皮动物中的重要成员。五条腕的海星形状很像五角星,因而得名。它的口位于口面(即腹面),肛门在反口面(即背面)。口面为浅黄色或橙色,反口面为浅色底子上衬着紫色或深褐色斑纹。海星腹部着地,靠数目众多的管足(海星的运动器官)爬行。

众所周知,鲨鱼是海洋中凶残的食肉动物。但有谁会想到,栖息于海底沙地或礁石上,平时一动不动的海星也是食肉动物呢!海星捕食的方法十分奇特。它在捕食时常常先慢慢接近猎物,然后突如其来地将猎物捉住。但它并不是将猎物送到嘴里"吃",而是把胃从嘴里翻出来,包住食物,利用消化酶使猎物在其体外溶解,然后吸收。它特别喜欢吃贝类。

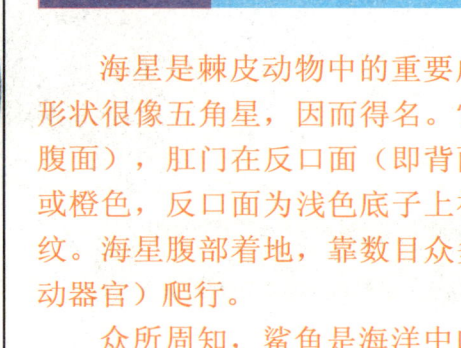

海星如何使用分身术？

海星的绝招——分身术，源自于它的再生能力。假如海星在与敌人搏斗过程中被折去一只腕，过不了多久，伤口处就会长出一只与原来一模一样的腕来，而那只被折掉的腕也会变成另一只小海星。由于海星有如此惊人的再生本领，所以断臂残肢对它来说简直就是无所谓的小事。

生物群平衡的护卫者

海星是海洋食物链中不可缺少的一个环节。它的捕食起着保持生物群平衡的作用。如美国西海岸有一种文棘海星，它时常捕食密密麻麻地依附于礁石上的海虹（也叫淡菜，是一种贝类）。这样便可防止海虹过量繁殖，避免海虹侵犯其他生物的领地，以达到保持生物群平衡的作用。

蓝色海星

全世界有多少种海胆？
850多种。

45 海中刺客——海胆

海胆

  海胆，属棘皮动物，外表像略扁的圆球，又像盘、像心，全身布满了许多能动的棘，因而得了"海中刺客"的雅号。海胆分布于世界各大洋，其中以印度洋和西太平洋种类最多。它们喜欢栖息在暖水区域海藻丛生的海区，躲在石缝中、礁石间、泥沙中或珊瑚礁中。

  海胆的整个身体被上千片坚硬的整齐排列的石灰质骨壳覆盖，以身外向四周突起的许多棘刺防御敌害。它们安静地生活在海底，有背光和昼伏夜出的习性，依靠管足和棘缓慢地爬行。心形海胆每小时只能移动8厘米，可以说是海中的蜗牛了。

海中刺客

为什么说海胆是胆小鬼？

海胆的名字听起来很响亮，从字面上来理解，似乎它的胆子会像大海一样大。其实不然，海胆是个天生的胆小鬼。有人还根据它的外形和特性，编了这样的顺口溜："身披褐针毡，奇形又怪状；遇到敌害来，拼命把身藏。"海胆身上的刺是它防身的武器。

 **有毒的海胆**

海胆黄味道鲜美，营养价值极高，海胆还具有药用价值。然而并不是所有的海胆都可以吃。海胆家族中的不少种类是有毒的。这些有毒的海胆看上去要比无毒的海胆漂亮。比如生长在南海珊瑚礁间的环刺海胆，就是一种美丽而含有剧毒的海胆。

海胆蒸蛋

海参可以改变体色吗？
↓
可以，它随环境而改变体色。

46 海中珍品——海参

干海参

大王海参

在海藻繁茂的海底，生活着一种类似黄瓜的动物，它们披着褐色或苍绿色的外衣，身上长着许多突出的肉刺，这就是海中的"人参"——海参。海参是棘皮动物中名贵的珍品。它的身体呈圆筒状，一般体长10～20厘米，也有的可达30厘米。它的触手呈轮形，在17～30个之间，一般为20个，触手坛囊发达。它的口在前端，多偏于腹面，肛门在后端，多偏于背面。海参背面一般有疣足，腹面有管足。海参并不靠管足爬行，而是靠肌肉伸缩爬行，每小时只能前进4米，以海底藻类和浮游生物为食。

海参遇敌如何巧妙脱身?

知识快车

海参遇到敌害进攻无法脱身时,它会通过身体的急剧收缩,将内脏器官迅速地从肛门抛向敌害,以此保全自己。失去内脏的海参,经过几个星期的生长,体内会重新长出内脏来。

黑海参

超级接链 神奇的"天气预报员"

海参美食

海参有一个神奇之处,就是能够预报天气,而且非常"尽职尽责"。海上常常风云突变,遇到暴风骤雨即将来临的天气,海参就会躲进石缝里藏起来。当渔民发现海参不见时,就知道风暴快要来临了,便会立即收网返航。

鱼类也能发出声音吗？
↓
有些鱼类能。

47 并非"哑巴"
——会说话的鱼

石首鱼

海　马

　　一般人以为鱼类全是"哑巴"，这显然是不对的。其实有许多鱼会发出各种令人惊奇的声音，例如康吉鳗会发出"吠"音；电鲶的叫声犹如猫怒；箱鲀能发出狗叫声；鲂鮄的叫声有时像呻吟，有时像鼾声；海马会发出打鼓似的单调音。石首鱼类以善叫而闻名，其声音像碾轧声、打鼓声、蜂雀的飞翔声、猫叫声和呼啸声，其叫声在生殖期间会变得十分频繁，目的是为了集群。矶鲈类是分布于温带到热带地区的鱼类，为群居生活，通常躲在海草较多的海底，到了夜晚便浮到海面上。一般的矶鲈能够利用牙齿互相摩擦而发出声音，还有小部分矶鲈能够利用鳔来发出声音。

鱼类有哪些沟通方式？

知识快车

除声音外，鱼类之间还可以通过外形、气味、动作等进行沟通，这些都是它们特殊的"语言"。在水中游动的鱼儿，通过鱼鳍的摇摆姿态等动作，来了解对方的行动方向，以避免发生冲撞；清洁鱼通过跳"波浪舞"告诉其他鱼自己有"医生"的身份；雄性三棘刺鱼通过跳"之"字舞告诉雌鱼，自己是个有资格的"求婚者"。此外，鱼类还可以产生某些特殊的化学物质，使得同种鱼类有相同的气味，以便区别异类。

清洁鱼

 都是声音惹的祸

捕鱼

鱼类发出的声音多数是由骨骼摩擦、鱼鳔收缩引起的，还有些是靠呼吸或肛门排气等发出各种不同的声音。有经验的渔民能够根据鱼类发出声音的大小来判断鱼群数量的多少，以便下网捕鱼。鱼儿们没想到引以为豪的声音，却给它们带来了灾难。

世界上有会发光的鱼吗？

有，而且所占比例很大。

48 海洋中的光明使者——发光鱼类

发光的鱼群

漂亮的发光鱼

在海洋世界里，无论是广袤无际的海面，还是万米之深的海底，都生活着形形色色、光怪陆离的发光生物，当然也包括一些会发光的鱼类，它们给没有阳光的深海和黑夜笼罩的海面带来了光明。有些鱼类之所以能发光，依靠的是身上附着的发光细菌，更多的鱼类则是通过本身的发光器官来发出光亮的。

鱼类发光是由一种特殊酶的催化作用而引起的生化反应。发光的荧光素受到荧光酶的催化作用便吸收能量，变成氧化荧光素，释放出光子而发光。有的鱼能发出白光和蓝光，有的能发出红、黄、绿色的微光，还有一些鱼类能同时发出几种不同颜色的光。

鱼类发光有何生物学意义？

知识快车

鱼类发光的生物学意义有四点：一是诱捕食物；二是吸引异性；三是辨别同类，保持种群联系；四是迷惑敌人，保护自己。

会发光的鱼

超级接链 奇特的"照明灯"

发光的小丑鱼

马来西亚群岛的广阔水域里，生活着一种奇特的鱼，在黑暗中它们能够自己照明。这种鱼每只眼睛上方都有一根管子伸向前方，管内有能发出荧光的细菌，就像汽车的前灯一样。有趣的是，这种鱼头上的"前灯"能够根据自己的需要"开"、"关"。

弹涂鱼又叫什么名字？

它又被称为"跳鱼"、"泥猴"。

49 会爬树的鱼 ——弹涂鱼

弹涂鱼是少数能够长时间脱离海水的鱼类之一。它的鳃腔很大，鳃盖密封，能贮存大量的空气。腔内表皮布满血管网，能起到呼吸作用。它的皮肤上也布满血管，血液通过极薄的皮肤直接与空气进行气体交换。最有趣的是，它的尾鳍也有呼吸功能，所以海边的弹涂鱼经常把身体的大部分露出水面，而将尾鳍留在水中。

更为奇特的是弹涂鱼的左右两个腹鳍合并成吸盘状，能吸附于其他物体上。而发达的胸鳍呈臂状，极像高等动物的附肢。遇到敌害时，它走起路来有时比人步行还快。生活在热带地区的弹涂鱼，在低潮时为了捕捉食物，常在海滩上跳来跳去，尤其喜欢爬到红树的根上去捕捉昆虫吃。因此，人们称其为"会爬树的鱼"。

近观弹涂鱼

弹涂鱼有怎样的特征？

弹涂鱼是一种底栖鱼，生活在浅海中和河口附近。它体长10厘米左右，身体略侧扁，呈暗褐色，有黑色小斑点，背鳍黑紫色，边缘略显白边。两眼位于头部上方，似蛙眼，视野开阔。弹涂鱼腹鳍已经演变成了吸盘，它靠吸盘将身体附着在礁石上。潮涨潮落时，弹涂鱼也会在岸边湿地中掘地洞藏身。

弹涂鱼

弹涂鱼的种类

弹涂鱼美食

弹涂鱼种类不多，在中国沿海主要有6种，而在浙江沿海就有4种，分别为弹涂鱼、大弹涂鱼、青弹涂鱼、大青弹涂鱼。弹涂鱼是小型食用鱼类，肉味鲜美，营养丰富，有滋补功能。

世界上有多少种鲨鱼？

约有350种。

50 海中霸王 —— 鲨鱼

鲨鱼

在浩瀚的海洋里，被称为"海中霸王"的鲨鱼遍布世界各大洋。虽然鲨鱼的确有吃人的恶名，但大部分鲨鱼对人类有利而无害，只有很少的鲨鱼会主动袭击人类和船只。

鲨鱼属于软骨鱼类，身上没有鱼鳔，调节沉浮主要靠它很大的肝脏。它的鼻孔位于头部腹面口的前方，有的具有口鼻沟，连接在鼻口隅之间，嗅囊的褶皱增加了它与外界环境的接触面积。因此鲨鱼的嗅觉非常灵敏，海中的动物一旦受伤流血，往往就会遭到鲨鱼的袭击而丧命。

鲨鱼一般只吃活食，有时也吃腐肉，食物以鱼类为主。

海中霸王

海洋百科零距离

鲨鱼对人类有哪些益处？

知识快车

鲨鱼虽然凶猛，面目可憎，但全身都是宝，是重要的经济鱼类。鲨鱼的肝脏特别大，富含维生素A、维生素D，是制作鱼肝油的重要原料。鲨鱼皮可以制革，鳍是海味珍品——鱼翅。此外，鲨鱼还有药用价值。

鱼　翅

超级接链 "牙齿富翁"

你了解大白鲨牙齿的秘密吗？相信你一定会大吃一惊。在大白鲨的血盆大口中，上颚排列着26颗尖牙利齿，一旦它前面的任何一颗牙齿脱落，后面的备用牙就会移到前面补充进去。而且在任何时候，大白鲨的牙齿都有大约三分之一处于更换过程之中。据估计，大白鲨一生中将丢失并更换成千上万颗牙齿，是名副其实的"牙齿富翁"。

最大的一种鳐鱼叫什么?
↓
线板鳐。

51 靠嗅觉猎食——鳐鱼

鳐鱼是一类鱼的统称,属于软骨鱼,体形扁平。鳐鱼分布在全世界大部分海域中,从热带到极地,从浅海到2 700米以下的深水区,都有它们的身影。世界上共有鳐鱼300多种,中国有80余种。鳐鱼都是卵生的,它们的卵很奇特,呈长方形,外表有一层皮革样的保护层,因此被称为"美人鱼的荷包"。鳐鱼的大小差别很大,小的仅几十厘米,大的则有十几米。它们常常沉在海底,喜欢把自己埋在海底的沙子里。它们的泳姿非常优美,像波浪一样摆动着身体的边缘,其实那就是它们的胸鳍。它们以软体、甲壳类动物和鱼类为食。鳐鱼对人类没有什么害处,但有一类电鳐却可以放电伤人。

鳐鱼

漂亮的鳐鱼

鳐鱼真的会飞吗？

有一种大型鳐鱼，体宽6~8米，体重达2~3吨，看似十分笨拙，行动却相当敏捷。当受到惊吓时，巨大的鳐鱼能够跃出水面1米多高。若是在夜间，它们还会跃出水面"飞翔"起来，仿佛一架飞机在海面侦察，有时还会撞翻渔船，而这种所谓的"飞行"，其实只是一种滑翔而已。

大型鳐鱼

超级接链 鳐鱼的个性

鳐鱼并不凶悍，也不会主动袭击人类。但在海中游泳的人如果不小心惊扰了鳐鱼，它就会用尾巴上尖利的毒刺刺向来犯者。人一旦被刺中，轻者伤口疼痛难忍，重者甚至会有生命危险。

琵琶鳐

我国有几种双鳍电鳐？
共有3种。

52 海底电击手 ——电鳐

双鳍电鳐

电鳐是一种软骨鱼，它的模样很怪，扁平的身子，头和胸部连在一起，浑身光滑无鳞，后面拖着一条肉滚滚的粗棒状的尾巴，看上去就像一柄大蒲扇。它背前方长着一对小眼睛，腹面前端生着一张小嘴，两侧各有5个鳃孔。它长约1.6米，宽约1米，主要栖息在太平洋、大西洋、印度洋等热带和亚热带海域里。电鳐在我国南海也有分布，只是体形要小一些。

电鳐凭着自己的"电武器"，在海洋里几乎是无敌的，这也是它猎食和御敌的绝妙方法。就因为它拥有如此强大的武器，所以它变得越来越懒惰，行动也越来越迟钝，无奈之下，它只好潜伏在海底的沙堆中，等待着猎物自己送上门来。

静候猎物

电鳐是怎样发电的呢？

知识快车

电鳐的放电器官分布在胸腹部两侧，样子像两个扁平的肾脏，是由许多蜂窝状的细胞组成的，呈六角柱体排列，被称为"电板柱"。电鳐身上共有2 000个"电板柱"、200万块"电板"。这些"电板"之间充满着胶质状的物质，可以起绝缘作用。每个"电板"的表面都分布有神经末梢，一面为负电极，另一面为正电极。在神经脉冲的作用下，这两个放电器能够把神经能转化为电能，并放出电来。

蓝色电鳐

超级接链 奇妙的医学疗效

寻找"医生"

早在古希腊和罗马时代，医生们常常把病人放到电鳐身上，或者让病人去碰一下正在池中放电的电鳐，利用电鳐放电来治疗风湿症和癫痫症等疾病。直到今天，在法国和意大利沿海，还可以看到一些患有风湿病的老年人在退潮后的海滩上寻找电鳐，把它当做自己的"医生"呢！

食人鱼又被称为什么?

"水中狼族"和"水鬼"。

53 水中恶魔——食人鱼

食人鱼

据生物学家统计,目前已发现的食人鱼有20多种,不仅出现在亚马孙河流域,在南美洲安第斯山脉以东,从加勒比海南岸至阿根廷北部的一些拉美国家,也都有食人鱼的踪迹。

食人鱼又名食人鲳,栖息在河口水流较急处。这种鱼主要在黎明和黄昏时觅食,以昆虫、蠕虫、鱼类为主,但有些与其相近的种类只吃水果和种子。

食人鱼雌雄外观相似,具有鲜绿色的背部和鲜红色的腹部,体侧有斑纹,有高度发达的听觉,两颚短而有力,下颚突出,牙齿为三角形,尖锐,上下齿互相交错排列。食人鱼体形虽小,但性情十分凶猛残暴。一旦被咬的猎物溢出血液,它们便会疯狂无比,用其锋利的尖齿以身体的扭动将肉撕裂,甚至一口可咬下16立方厘米的肉。食人鱼的牙齿能轮流替换,使其能持续觅食,而强有力的齿列可引致落水的动物或人被严重咬伤。

食人鱼群

食人鱼为何如此厉害？

这是因为食人鱼的颈部短，腭骨十分坚硬，上下腭的咬合力大得惊人，可以咬穿牛皮、厚实坚硬的木板，甚至能将钢制的钓鱼钩一口咬断，其他鱼类自然不是它的对手。即使平时在水中称王称霸的鳄鱼，一旦遇到食人鱼，也会吓得缩成一团，立即浮上水面。

可怕的食人鱼

超级接链：食人鱼的禀性

食人鱼是群居性的，往往几百条、上千条聚集在一起，依靠灵敏的视觉、嗅觉和对水波震动的感觉寻觅进攻目标。此外，食人鱼还有一种独特的禀性，即只有在成群结队时才凶狠无比。一旦离了群，它就变成可怜巴巴的胆小鬼啦！

凶狠的食人鱼

蝠鲼科有几属几种？
⬇
有3属10种。

54 海洋幽灵——魔鬼鱼

双宿双飞

魔鬼鱼是一种庞大的热带鱼类，是琵琶鱼的一种，双鳍特别发达，学名为前口蝠鲼。潜水员特别惧怕它，因为它的个头和力气都非常大，一旦发起怒来，只需用它那强有力的"双翅"一拍，就会使潜水员骨断筋折，因此有"魔鬼鱼"之称。

魔鬼鱼喜欢成群游泳，有时潜栖海底，有时雌雄成双成对升至海面。在繁殖季节，有时魔鬼鱼用双鳍拍击水面，做出一种旋转状的跳跃，且随着旋转速度越来越快迅速上升，跳出海面，腾空跃起，在离水一人多高的上空滑翔，落水时声音犹如炮响，数里可闻，非常壮观。

魔鬼鱼

魔鬼鱼以什么为食？

魔鬼鱼体长可达7米，体重有500千克，体态笨拙。它看上去令人生畏，其实却十分温和，仅以甲壳动物或成群的小鱼小虾为食。它的头上长着两只肉足，这是它的头鳍，头鳍翻着向前突出，可以自由转动。魔鬼鱼就是用这对头鳍来捕捉食物，并把食物送入口内的。

吞食食物

毒性剧猛的花点琵琶鱼

花点琵琶鱼，除了形状古怪之外，还生有一条像马鞭般的长尾，最长可达2米，尾根和鱼身衔接处还生着一排巨刺。这种刺形如锯齿，极为锋利，且刺尖能排出毒液。若是不慎被它刺伤，轻者伤口发炎，极度肿痛，重者甚至会有生命危险。因此渔人捉到花点琵琶鱼后，总是先割下它的尾刺抛入海中，以防发生意外。

花点琵琶鱼

最大的蝴蝶鱼有多大？
体长可超过30厘米。

55 五彩缤纷
——蝴蝶鱼

蝴蝶鱼俗称热带鱼，是近海暖水性小型珊瑚礁鱼类，身体呈菱形，嘴巴特别小，两颌牙细长、尖锐，侧线基本完整，适宜伸进珊瑚洞穴中捕捉无脊椎动物。它身体侧扁，能迅速而敏捷地消逝在珊瑚枝或岩石缝隙里。蝴蝶鱼大都色彩艳丽，全身有数目不等的纵横条纹或花色斑块，其外形就像陆地上的蝴蝶一样美丽，蝴蝶鱼的美名由此而来。蝴蝶鱼体色能随外界环境的变化而改变。体色的改变主要依赖于体表有大量色素细胞，可在神经系统的控制下展开或收缩，从而呈现出不同的色彩。蝴蝶鱼改变一次体色只需要几分钟，有的甚至只要几秒钟。

美丽的蝴蝶鱼

蝴蝶鱼是如何躲避敌人的？

知识快车

许多蝴蝶鱼有极巧妙的伪装，它们常把自己真正的眼睛藏在穿过头部的黑色条纹之中，而在尾柄处或背鳍后留有一个非常醒目的"伪眼"，从而使捕食者受到迷惑。当敌害向其"伪眼"袭击时，蝴蝶鱼便趁机逃之夭夭。

独特的伪眼

超级接链 海中鸳鸯——蝴蝶鱼

蝴蝶鱼对"爱情"忠贞专一，大部分都成双入对，好似水上的鸳鸯。珊瑚礁中总是少不了它们双双游弋、戏耍的身影。当一条蝴蝶鱼进行摄食时，另一条便在其周围警戒。因此，蝴蝶鱼被誉为"海中鸳鸯"。

海中鸳鸯

我国沿海有几种翻车鱼？
3种。

56 形态奇特 ——翻车鱼

翻车鱼是世界上形状最奇特的鱼类之一。它们生活在热带海洋中，身体周围常常附着许多发光生物。它们的身体又圆又扁，像个大碟子。翻车鱼只要一游动，身上的发光生物便会发出明亮的光，远远看去就像一轮明月，故又有"月亮鱼"的美名。鱼身和鱼腹上各有一个长而尖的鳍，几乎不存在尾鳍，因此看上去后面好像被削去了一块似的。翻车鱼游泳速度缓慢，但这种头重脚轻的体态很适宜潜水。它们主要以水母为食，也常常潜到深海捕捉鱼虾，用嘴巴将食物铲起。

近观翻车鱼

黄尾翻车鱼

为何说翻车鱼是生长冠军?

翻车鱼是河豚科的巨型亲戚,是所有多骨鱼中最重的鱼种,体重可达3 000千克。早在20世纪30年代,美国鱼类学家古格就曾对翻车鱼进行过研究,并宣称巨大的翻车鱼是动物界的生长冠军。它们的幼鱼仅有0.25厘米长,而成年鱼可长达3~5米,体重比幼鱼时增加6 000万倍。

生长冠军

爱晒太阳的翻车鱼

翻车鱼有个奇怪的习性:当天气好时,会将背鳍露出水面作风帆,随风向漂浮,并在海面上晒太阳;天气变坏时,便侧身平浮于水面以背鳍和臀鳍划水游动。

晒太阳的翻车鱼

著名的石斑鱼有哪些？

赤点石斑鱼、网纹石斑鱼等。

57 化妆高手——石斑鱼

石斑鱼身体呈椭圆形，侧扁，头大，吻短而钝圆，口大，有发达的铺上骨，体被细小栉鳞，背鳍强大，体色可随环境的变化而改变。成年鱼体长一般在20～30厘米。

石斑鱼喜栖息于沿海岩礁、起伏且多石砾的海区、珊瑚礁、沉船或人工鱼礁等水域。石斑鱼是典型的食肉型鱼类，全世界约有百余种，我国沿海有30多种。它们凭借灵敏的视觉和感光、感色的分辨能力，能够凶猛地猎食鱼、虾、蟹，甚至藤壶等海洋生物，尤其喜食鲜活动物。

赤点石斑鱼

青石斑鱼

石斑鱼是怎样猎物的？

知识快车

石斑鱼不喜欢远游，它们喜欢栖息在珊瑚礁的岩洞或珊瑚枝头下面。它们是海洋中有名的"化妆高手"，可以有8种体色变化，往往顷刻之间便可判若两鱼。它们具有与环境相配合的斑点和彩带，在洞隙中守株待兔，看到猎物，便迅速游出洞外进行捕捉。

化妆高手

超级链接　营养鲜美的名贵海味

独特的自然生态环境和生活习性，使石斑鱼营养丰富、肉质细嫩、味道鲜美。据有关资料和专家介绍，石斑鱼肉中的蛋白质含量高于一般鱼类，除含人体所必需的各种氨基酸外，还含有无机盐、铁、钙、磷以及多种维生素等人体必需的营养物质，是一种营养价值很高的名贵海味。

清蒸石斑鱼

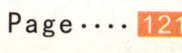

小问号大天下

蘗鱼有毒吗？
↓
蘗鱼没有毒。

58 顶级拟态者——蘗鱼

艳丽的蘗鱼

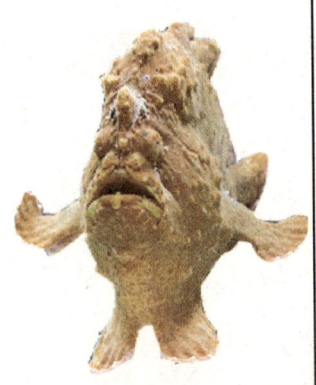

其貌不扬

在珊瑚礁海域，长相奇特的鱼类很多，但有顶级的拟态功力且有一套独特的钓鱼绝活儿的，却非蘗鱼莫属。

蘗鱼的第一根背鳍棘已退化成细细长长的"吻触手"，其顶端有一块假饵，像海藻又像蠕虫，抖动时则更像，这就是蘗鱼独特的"钓鱼用具"。当有猎物被引诱而游过来时，蘗鱼会不动声色地只移动双眼盯着猎物，直到猎物游进攻击范围时，才会如闪电（约百分之一秒）般将其吞下。由于蘗鱼的腹部伸缩性极强，因此它能够吞下比自己身体还长的猎物。

蟹鱼如何隐避自己?

知识快车

蟹鱼的拟态本领可以说是鱼类中最高明的,不但其体色会随停栖环境、背景的状况而改变,而且身上还长满了须须瓣瓣的疣、瘤之类的东西,就像礁石上附生了海藻、海绵或其他固着性无脊椎动物。如果不是懂鱼的行家,十之八九会对蟹鱼"视而不见"。

顶级拟态者

超级链接:蟹鱼的生活环境

蟹鱼在全世界共有50余种,大都生活在海洋中,只有分布在印度的一种会进入河口或淡水中。除了地中海外,全球海域均有分布,但其大多生活在热带或亚热带地区。

裸蟹鱼

狮子鱼有什么特性？
⬇
白天休息，晚上捕食。

59 威风八面的夜行者——狮子鱼

狮子鱼体长可达45厘米，主要分布于北太平洋、北大西洋及北极海域。中国海域数量较多的为细纹狮子鱼。狮子鱼的生物钟有些特别：晚上开始捕食甲壳类或小鱼，白天则停在水中或礁洞中休息，一动不动。

狮子鱼有很多自我保护措施，如它们体内都有毒腺，有些狮子鱼头上和眼睛上长有皮瓣或须，背鳍后方有伪装的假眼斑。它们遭遇危险或休息时，会以背面朝外，腹面贴壁的方式来躲避侵袭。

狮子鱼

勇敢的夜行者

狮子鱼何以威风八面？

知识快车

狮子鱼可以在海中肆无忌惮、目中无人，主要靠它的背鳍、胸鳍、臀鳍上的鳍棘和鳍条，它们不但特别长，而且每根硬棘的基部都有毒腺，平常多半完全竖立伸展开来，想打它主意的家伙根本就没有地方可以下手。

威风八面

狮子鱼名字的由来

狮子鱼不仅是夜行者，而且还是一种十分美丽的观赏鱼类。当它们将其有毒的胸鳍张开时，从正面看，胸鳍就像雄狮的鬃毛一样，故而得名"狮子鱼"。

美丽的狮子鱼

小丑鱼是雀鲷的一种吗?
↓
是的。

60 种类繁多——雀鲷

雀鲷是生活在热带海洋中的小型珊瑚礁鱼类。雀鲷颜色艳丽,身体娇小,大的不过10厘米,小的仅有2~3厘米,如麻雀般大小,所以被称为雀鲷。雀鲷有很多种类:红白相间的叫小丑鱼,又叫双锯鱼;黑白相间的叫宅泥鱼;亮蓝雀鲷体色光亮娇艳;蓝雀鲷通体蓝色,腹部和尾部呈米黄色;三斑雀鲷全身黑色;光鳃鱼身体的上半部分为粉红色,下半部分为灰绿色;豆娘鱼的身上有六道深绿色的条纹,其中黄蓝相间。

雀鲷通常回旋于珊瑚礁中,以幼鱼和小型无脊椎动物为食。白天,雀鲷总是成群地盘旋在珊瑚礁上;夜幕降临,成群的雀鲷各自选择珊瑚的缝隙过夜。有趣的是,它们竟然能根据自己身体的大小选择"卧室"。

雀 鲷

雀鲷有什么特殊的本事？

知识快车

大部分雀鲷体形较小，身体略呈扁平。雀鲷有一种特殊的本事，那就是它的胸鳍像船橹一样可以来回摇摆。胸鳍的摇摆可以使雀鲷更好地控制身体的姿态和前进的方向。这种功能是雀鲷为了适应在珊瑚丛中钻来钻去而演化出来的。

三间雀鲷

超级接链：会寻找庇护的小丑鱼

海葵虽然以小鱼为食，但小丑鱼却可以与海葵一起生活。这是因为小丑鱼身体表面有层黏液可以使自己免受其害。海葵保护了小丑鱼，而不断进出的小丑鱼又会吸引来其他鱼类为海葵送食上门，它们就这样共同帮助，和谐地生活在充满危险的大海中。

小丑鱼

隆头鱼有什么特性？
能为其他鱼提供清洁服务。

61 为他人服务——隆头鱼

隆头鱼又称杜鹃鲷，体形比雀鲷稍大，鳞片为圆形，头部两侧各有一对鼻孔，尾鳍不分叉，背鳍单一且前端有尖棘，鱼唇通常较厚。它的食性范围很广，多为杂食，可吃海藻、虾、甲壳类和碎肉等。隆头鱼的主要食物是来自大鱼身上的寄生虫和老化组织，它们通过为大鱼清洁身体的机会，得到自己需要的养分。可以说，隆头鱼是海洋中的特殊"清洁工"。

世界各大洋出产的隆头鱼超过500种以上，分布在热带与亚热带之间的岩石或珊瑚礁多的浅海地区，以胸鳍游水，姿势十分奇特，短程游速也很快。平时一旦受惊，它们便向沙砾堆冲去，钻入其中。此外，因雄雌及年龄的不同，隆头鱼的体色与体形也有所不同。

珍珠龙（隆头鱼）

古巴三色龙（隆头鱼）

鱼类睡眠姿态是怎样的？

知识快车

不同的鱼类各有其独特的形态和生活习惯。单就睡眠姿态来说就各不相同：有些喜欢钻入沙中睡眠；有些自行分泌出黏液做成一个睡袋，将身躯围在其中睡眠；有些在珊瑚礁的洞穴中睡眠；隆头鱼喜欢侧着身子躺在水底睡眠。

睡眠的斜斑龙（隆头鱼）

超级接链 "红龙"的变色历程

"红龙"－隆头鱼的一种。它身子的变色历程要经过三个阶段，每阶段的颜色都很鲜艳。幼年时呈鲜橙色，背上出现五个镶黑边的大白点或白色马鞍形图案。这些白点很快会消失，尾巴转为黄色，体色转暗，尤其是后半身，逐渐出现鲜明的蓝点，随后进入成年期。

珍珠龙（隆头鱼）

小问号大天下

狐狸鱼又叫什么名字？
⬇
狐面鱼。

62 酷似狐狸——狐狸鱼

狐狸鱼是一种可以食用及观赏的两用鱼类，分布于菲律宾、中国台湾、太平洋的珊瑚礁海域，植物食性，常以藻类为食。该鱼体呈椭圆，体长15～20厘米，头部呈三角形，嘴似管状向前突起。它全身金黄色，背部后方有一个黑色眼斑，头顶经眼睛至嘴部有一条黑带，胸鳍基部有一个黑斑，鳃盖和胸鳍后方为银白色，各鳍金黄，头部黑白相间，图案造型酷似狐狸，因而得名。这种鱼体色简洁明快，十分耐看。因名字很容易让人想到狡猾的狐狸，加之背鳍、臀鳍的硬棘有毒，而使人产生其狡猾狠毒之感，但事实上狐狸鱼却很忠厚老实。

双色狐狸鱼

美丽的狐狸鱼

狐狸鱼有哪些种类？

知识快车

双色狐狸鱼颜色很特别，身体前三分之二为暗褐色，后三分之一为黄色。当危险来临时，双色狐狸鱼会竖起带毒的背刺，使敌人对它"敬而远之"。

红鳍狐狸鱼也叫彩色狐狸鱼、彩色兔子鱼。它头部为黑色，身体一半白一半黑褐色，每个鳍都带有黄色和红色。

蓝带狐狸鱼体色为淡黄色，头部有一黑带，还有一条蓝带，成对活动。

狐狸鱼

超级接链 喝活鱼

在比利时的格拉兹伯根镇，当地人有一种奇特的饮食习惯——喝活鱼。每年狂欢节那天，人们都会用碗舀起一条条鲜活的小鱼，倒入盛满白葡萄酒的杯中，在看着小鱼游来游去的同时，就把鱼喝进肚中，既感到刺激，又是一种享受。据说，喝活鱼在当地已有近百年的历史，许多旅游者和美食家都前来小镇品尝那些会游动的鲜活美味。

海洋观赏鱼

海龙属于鱼类吗？

属于。

63 海中之龙——海龙

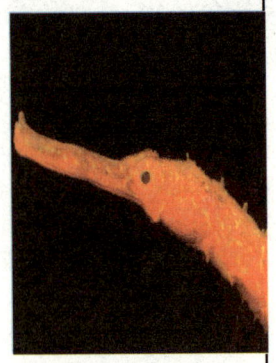

海　龙

海龙因长得像传说中的龙而得名，又名藻龙，和海马同属于一个家族，它们在形态、习性和食性上都很相似。不同的是，海龙的身体比海马要大一些。海龙的头部和身体有叶状附肢。它们群居在热带和温带的浅海中，在海藻繁茂的地方生活。和普通鱼类不同，它们口小，位于长管状伸长的吻的前端。而且由于鳍不发达，所以不善于游泳。叶海龙可长到45厘米，身体由骨质板组成，且延伸出一株株像海藻叶瓣状的附肢，可以伪装成海藻，安全地隐藏在海藻丛生、水流极慢、未受污染的近海水域中。海龙没有牙齿，它们的嘴像吸管一样，能把浮游生物和海虱吸进肚中。草海龙的大小与叶海龙差不多，不同的是草海龙有红、紫、黄三色，有的胸上还有蓝色的条纹，身上和尾部的附肢比叶海龙细少许多，外表比较接近海马。

叶海龙

海龙是如何生育后代的？

知识快车

　　海龙生育后代的任务主要由雄性来完成。在交配期间，雌海龙将150~250个卵排在雄海龙尾部的育婴囊中，雄海龙要孕育这些小海龙卵长达6~8个星期。每年的8月到第二年的3月，是海龙的繁殖季节，在这段期间，通常一只雄海龙可以孵两窝，真是海中的超级"奶爸"！可惜的是，在自然环境里，大约只有55%的小海龙宝宝有存活长大的机会。

孕育宝宝

超级接链　海龙的药用价值

　　海龙虽然没有食用价值，但它却是名贵的中药，有滋阴补肾、消炎止痛、散淤止血、强心催生等功效。主治颈淋巴结核、难产等。

海龙干品

Page····133

哪种海马体积最大？
克氏海马。

64 最不像鱼的鱼类——海马

海马

海马是鱼纲、海龙目、海马属动物的总称。海马因其头部酷似马头而得名，是一种奇特而珍贵的近陆浅海小型鱼类。它的嘴是尖尖的管形，口不能张合，因此只能靠吸食水中的小动物为食。它的一双眼睛可以分别上下、左右或前后转动。这是因为海马的身体不能像其他鱼类一样灵活转动，只能用伶俐的眼睛观望四周。有时候，它一只眼向前看，一只眼向后看，除了蜻蜓和变色龙之外，这是其他动物所不能做到的。海马和海龙是同类，它将尾巴卷附在海藻上，过着固定性的生活。游动时直立身体，靠摆动背鳍和胸鳍向前游动。

雄海马是称职"爸爸"吗？

在海马家族中，雌海马只负责产卵，其他"育儿"工作则由雄海马负责。雄海马腹部有育儿袋，可用来装小海马，每次可装2 000只。孕期10～25天不等。

孕育宝宝的雄海马

超级接链 最不像鱼的鱼类

海马是最不像鱼的鱼类，集马、虾、象三种动物的特征于一身。它有马形的头，虾一样的身子，还有一条像象鼻般的尾巴。皇冠式的角棱、头与身体成直角的弯度，披甲胄的身体，垂直游泳的方式和雄性育子的特例，使海马与一般鱼类差别很大。

海藻丛中的海马

"海中巨无霸"指什么动物？

鲸鲨。

65 海中最大的鱼类——鲸鲨

海中巨无霸

伺机捕食

鲸鲨又称鲸鲨，它是海洋中的巨无霸，也是地球上体积最大的鱼类，体长可达20米，重达40吨。鲸鲨名字里虽有"鲸"字，但它是鱼而不是鲸。鲸鲨属于鲸鲨科，只有一种，主要分布在南北纬30°之间水温20℃以上的温暖水域。鲸鲨身体粗大，头前面平扁，背面微凸有三条明显的皮棱，腹部平坦，身体蓝灰色，散布有许多白色或黄色的圆斑。它的眼睛很小，鼻孔和嘴巴却很大。嘴张开可吞入大量海水以及浮游动物、小鱼、小虾等，海水经由它头后面两侧的五片鳃裂流出，达到滤食和呼吸的双重目的。

鲸鲛生育有哪些特点？

知识快车

鲸鲛和鲨类在生育方面有不太一样的地方，那就是鲸鲛的卵有卵壳的保护，胎儿是靠吸收卵黄中的养分长大的，而不是靠脐带来吸收母体的营养。雌性鲸鲛一次可以产300多颗卵。

鲸鲛

超级接链 保护鲸鲛

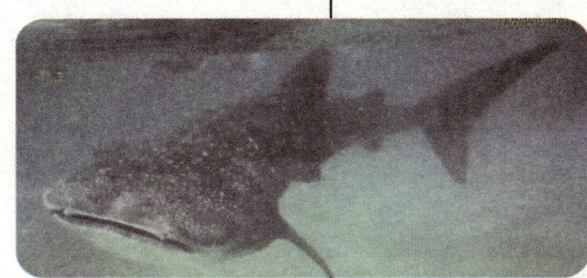

鲸鲛身为体积最大的鱼，俨然成为海上最引人注目的生物之一。它庞大的身躯、独特的鱼纹及前端的巨嘴，让人一眼就可认出。鲸鲛虽然体形巨大，却很温顺，在澳大利亚西部地区，潜水员们还争相排队等着要和这些友好的巨鱼共游呢！

偶尔可在报上看到鲸鲛不幸游入沿岸渔民设置的定置网而被活捉的报道。虽然有些国家已立法保护鲸鲛，但仍有不法分子捕杀鲸鲛。这让人们对这种成长缓慢且又相当晚熟的鱼类的未来深感忧虑。

近观鲸鲛

琵琶鱼都有特殊"钓竿"吗?
⬇
不是,琵琶鱼的幼鱼没有。

66 海洋垂钓者——琵琶鱼

海洋垂钓者

琵琶鱼又称"电光鱼",是一种生活在海洋里的形状怪异的鱼类。它体长一般为45厘米,最长可达2米,体色从褐绿色到灰黑色,各不相同,体表有杂色斑点。琵琶鱼身体扁平,头很大,背鳍和胸鳍发达,有一条马鞭一样的长尾,尾根与鱼身衔接处长有一排锋利的刺,刺尖可产生毒液。从鱼体的背面俯视,它很像一把琵琶,故称"琵琶鱼"。

琵琶鱼以各种小型鱼类或幼鱼为食。说到捕食,就不能不说它独特的"捕食工具"了。

雌琵琶鱼头部的吻上通常有一个钓竿状的东西。"钓竿"的末端有一个肉质的突起,看上去很像蠕虫,琵琶鱼便以此来诱捕其他贪食的鱼类。

诱捕食物

琵琶鱼为何又称电光鱼？

琵琶鱼是底栖鱼类，一般生活在海平面以下200～500米深处，喜欢沙砾的底质。由于琵琶鱼生活在缺少光线的深海里，所以在其"钓竿"的末端通常有发光器官，这个器官能够发出冷光，以助其诱捕其他鱼类。因此琵琶鱼又被称为"电光鱼"。

电光鱼

琵琶鱼

超级接链：会笑的鲸

琵琶鱼外形像琵琶，且会发光，这就已经令我们惊叹不已了，更让人大吃一惊的是，地中海竟有一种会笑的鲸。这种鲸在游动时，会边游边笑边唱歌。它的笑声悦耳，歌声动听，颇能吸引游客。

"比目连枝"中包含哪种鱼?
↓
比目鱼。

67 海中变色龙——比目鱼

不少鱼类为了适应生存环境,像陆地上的变色龙等动物一样具有保护色,比目鱼就是其中变色能力最强的一种,被誉为"海中变色龙",它可随周围环境而改变身体颜色。譬如比目鱼中的蝶鱼,身上有橘红色的斑点,当它游到有白色鹅卵石的区域时,那些橘红色的斑点就会变成白色,和环境统一起来,使自己不易被敌人发现,以便保护自己。

这是因为比目鱼能利用眼睛(它的眼睛很奇特,两只眼睛长在同一侧)感受外界环境的颜色变化使性腺受到刺激,这些刺激通过神经系统改变皮肤细胞所含色素微粒的排列,从而改变体色。

海中变色龙

小比目鱼眼睛有什么特点？

知识快车

原来，从卵膜中刚孵化出来的比目鱼幼体完全不像父母，而是跟普通鱼类的样子很相似，眼睛长在头部两侧，每侧各一只，呈对称分布。大约经过20多天，比目鱼幼体的形态开始变化。当幼体长到1厘米长时，奇怪的事情发生了——一侧的眼睛开始"搬家"，通过头的上缘逐渐移动到对面的一边，直到与另一只眼睛接近时才停止移动。此外，不同种类的比目鱼眼睛"搬家"的方法和路线也有所不同。

眼睛在同侧

侧躺的比目鱼

超级接链 其他护身绝招

比目鱼除了用隐身来保护自己外，还有一个绝招，那就是有些比目鱼的鳍基部有一列毒腺，分泌出的黏液中的化学物质可以让想攻击它的鲨鱼的上下颌麻痹而合不起来。假如这种化学物质能够人工合成出来，成为有效的防鲨药物，那该有多好啊！

文昌鱼属于鱼类吗？
↓
不属于。

68 珍贵的海洋脊索动物——文昌鱼

文昌鱼

文昌鱼既不属于鱼类，也不是两栖类或哺乳动物，而是非常原始的脊索动物，可算是介于脊椎动物和无脊椎动物之间的一种动物。其主要特征是没有头颅，脊索从头到尾，两头尖，看上去像矛或针，因此英文俗名又称"长矛鱼"。

文昌鱼之所以珍贵，是因为它在动物的分类和演化史上处于关键地位，在形态、器官构造、组织功能上都十分特殊，因此是探讨生物进化过程中的重要实体。此外，它的数量和分布很有限，主要分布在热带或亚热带砾质海底的浅水域。文昌鱼数量最多的地域是我国东海到南海一带。

脊索动物

文昌鱼有哪些特点？

知识快车

文昌鱼很小，最长不过7～8厘米，小的种类成熟后体长不会超过3厘米。它体形细长，呈灰白色，有背鳍、尾鳍和臀鳍，腹侧有长的腹皮褶，身上的肌节清晰可见。它的嘴部生有一列纤细的触须，用来捕食水中的浮游生物。文昌鱼的平均寿命为3～4岁。

厦门文昌鱼

超级接链 带"鱼"字的非鱼类

除文昌鱼外，娃娃鱼、山椒鱼和鲸鱼等，虽然名字里都有一个"鱼"字，但它们并不属于鱼类。

娃娃鱼

海苔是用什么做成的？

紫菜。

69 海洋中的蔬菜——紫菜

 红羽毛藻

我们都知道紫菜中含有丰富的营养物质，它可以佐餐，可以配菜，还可以入药。随着营养学的发展，人们逐渐认识到紫菜还具有陆地植物无法比拟的特殊保健价值。因此，紫菜又被称为"海洋中的蔬菜"。

紫菜属红藻类植物，分布于世界各地，生长于浅海潮间带的岩石上，每年的12月到第二年的5月为生长期。紫菜的种类很多，现已发现的就有70多种，我国有10多个品种，主要有坛紫菜、条斑紫菜、圆紫菜等。我们食用的紫菜有紫色、绿紫色、黑紫色等不同颜色，这是由于环境及生长期的不同而造成的，但它们的营养价值不会因为颜色不同而有所差别。

紫菜有哪些营养成分？

知识快车

紫菜有很高的营养价值，含有多种人体必需的营养成分。每千克紫菜干品中含蛋白质0.245克、脂肪9克、碳水化合物310克、钙3.3克、铁0.32克，远远高于谷物、蔬菜和水果。它的蛋白质含量比鲜蘑高9倍，维生素A、维生素B族、维生素C和碘、钙、铁等微量元素也很丰富，脂肪含量比海带高8倍，钙比干口蘑高2倍，尼克酸比木耳高1倍，核黄素比香菇高近10倍。紫菜可鲜食或制成干品，其中，干紫菜是市场上畅销的副食品之一。

紫菜包饭

超级接链 神奇的医药价值

早在600年前，明代医学家李时珍所著的《本草纲目》中就有关于紫菜的记载："紫菜可以主治热气，瘿结积块之症。"中医用紫菜来治疗甲状腺肿大、慢性支气管炎、咳嗽、水肿、脚气、烦躁失眠、小便淋痛等病症。近年来又有科学实验证明，紫菜的五分之一是食物纤维，可保持肠道健康，将致癌物质排出体外，常吃紫菜对肠癌等疾病有抑制作用。因此，紫菜又有"神仙菜"、"长寿菜"、"维生素宝库"之美誉。

晒干的紫菜

海白菜和白菜一样吗?

不一样,海白菜是一种绿藻。

70 海洋中的绿藻植物——海白菜

海白菜的学名叫做礁膜,在一些沿海地区被称为海菠菜。海白菜通体碧绿,呈丝状,单独或丛生,高10~14厘米,形体常有大小不等的孔。它多生长在近海海湾的海底或岩石的缝隙里,我国渤海、黄海、东海、南海分布较少。海白菜属于绿藻的一种,是人们最喜爱的一种海洋经济型蔬菜。它营养丰富,每100克含蛋白质11.2克,脂肪0.1克,碳水化合物、粗纤维4.3克,此外还含有多种矿物质(钙、镁、铁等)和维生素。

海白菜

绿藻是如何分类的？

知识快车

绿藻的藻体呈草绿色，约有6 000个品种，其中90%产于淡水中，只有10%生活在海洋的岩石上。绿藻分单细胞和多细胞两大类。单细胞绿藻有群体的，有丝状的，还有片状的。最常见的海洋单细胞绿藻是扁藻，它含有丰富的蛋白质，是海洋中小型动物的良好饵料。最常见的多细胞绿藻有石莼、海白菜。此外，还有浒苔、羽藻、蕨菜、刺海松、伞藻等。

伞藻

超级接链 海洋污染的晴雨表

美味海白菜

随着海洋污染的日益加剧，海水中的富营养量也越来越多，海白菜便找到了它们得以滋生的天堂。众所周知，海白菜多了，是因为海水中富营养量的增加，而海水中富营养量增加则是因为污染愈演愈烈，因此也可以这样说：海白菜是大海污染的晴雨表。

果冻的原材料是什么？
↓
石花菜。

71 琼胶的主要原料——石花菜

果　冻

石花菜

　　石花菜属多年生藻类，又名鸡毛菜，用假根状的固着器附着在礁石上，直立丛生。藻体分主枝、分枝、小枝。枝体扁平，分枝渐细，呈互生、对生状，枝端极尖，主枝基部是固着器，一般长10～20厘米，少数可达25厘米以上，大者可达30厘米。它的颜色随海区环境、光照的不同而不同，其种类很多，有石花菜、大石花菜、小石花菜、细毛石花菜、中肋石花菜等。它们都是制造琼胶（俗称冻粉）的主要原料。琼胶广泛应用于食品、医药、细菌培养等，一些高档糖果也多用琼胶作为填充物。

红藻有哪些生长特点？

红藻的藻体呈紫色或紫红色，大多数为多细胞植物，其形态多姿，有圆形、椭圆形、带形。红藻多数喜居深海，生长在低潮线附近和低潮线下30~60米处，少数种类可在深200米的海底生长繁衍。红藻类约有2 500多种，其中最为常见的种类有紫菜、石花菜、红毛藻、海萝、蜈蚣藻、海头红、多管藻、鹧鸪菜等。

条状海藻

我国石花菜的种类

细毛石花菜

我国石花菜的种类主要有：一、小石花菜。藻体矮小，密集错综地生长在一起，匍匐于岩礁上。二、大石花菜。分布于浙江、福建一带，藻体呈紫红色，软骨质，高者可达10~30厘米。三、中肋石花菜。藻体呈暗紫红色，假茎有中肋突起，分布于福建、台湾等省。四、细毛石花菜。藻体假茎较细，直立丛生，我国南北海域均有分布。

海萝有哪些利用价值？
可食用、药用或用于印染。

72 海洋中的绒花——海萝

海萝，南方也叫胶菜，北方俗称牛毛，为一年生红藻。植物体直立，藻体呈圆柱形或扁圆形，叉状或不规则分枝，内部组织疏松或中空；四分孢子囊散生于皮层中，十字形分裂，囊果呈球形或半球形，突出于体表，密集地遍布在藻体上。海萝呈紫红色，样子别致，宛如一朵朵紫红色的小绒花。

海萝多生长在接受波浪冲击、盐度较高、垂直分布可达2米左右的外海岩礁上，多数向光生长。海萝中含有琼胶、多糖及黏液质，还含有无机盐、钾、钠、钙及多种微量元素。

海萝丛生

国产海萝有哪几种？

国产海萝有两种：一种是海萝；一种是鹿角海萝。海萝，紫红色，高4～10厘米，最高可达15厘米，产于沿海各地；鹿角海萝，外部形态与海萝相似，但枝端较尖细，末枝常常弯曲像鹿角，产于东海和广东省沿岸。两种海萝均生于中、低潮带的岩石上，常丛生成群。

国产海萝

鹿角海萝的功效

鹿角海萝的藻体中含有牛黄酸、多糖、碘、钾、钠、硅、磷、铁、钙、镁等，其味甘咸，性寒，质滑润，有清热、化痰、润肺等功效。

鹿角海萝

 我国哪年首次成功引进绿藻？
→ 1978年。

73 海藻王——巨藻

巨藻

巨藻属于褐藻类，是藻类王国中最长的一族。大多数巨藻可长到几十米，最长的甚至可以达到200～300米，重达200千克。巨藻是海藻中个体最大的一种，被称为"海藻王"，它原产于美国加利福尼亚、墨西哥和新西兰沿岸海域。

巨藻靠固着器将藻体固定在礁石上，它的固着器直径可达1米。巨藻的柄有韧性可弯曲，上面生有许多叶片，每个叶片有一个叶柄，叶柄中央是一个直径2～3厘米、长5～7厘米的气囊。由于气囊的作用，巨藻的叶片甚至可以使整个藻体浮于海面，使海面呈现出一片褐色，故又有"大浮藻"之称。巨藻是世界上生长速度最快的植物之一，在适宜的环境下，巨藻一天就可生长30～60厘米。有些巨藻全年都可生长，每3个月收割一次，亩产量可高达50～80吨。巨藻的寿命很长，可生长12年之久。

巨藻有哪些用途？

巨藻的用途十分广泛，可以用来做生产食物、燃料、肥料、塑料和其他产品的原料。此外，因为巨藻中含有39.2%的蛋白质和多种维生素及矿物质，可作为提取碘和褐藻胶、甘露醇等工业产品的原料，还可以作为能源。如果养殖4平方千米的巨藻，那么一年就可生产10万千瓦的能量。因此，巨藻还是一种很有发展前途的绿色能源。

 **能源新秀**

美国西海岸附近的海域盛产一种巨型海藻，这种海藻每昼夜可生长60厘米，用它提炼汽油和柴油，可成为石油的代用品。如果此项试验成功，这种取自海洋植物的汽油，它的售价会低于现今的一般汽油。

绿色能源

生物柴油

红树植物包括哪些种类？
红树、秋茄树和桐花树等。

74 海滨之宝——红树植物

红树植物是一类生长于热带海洋潮间带的木本植物。每当退潮以后，红树植物便会在海边形成一片绿油油的"海上林地"，也有人称之为"碧海绿洲"，它们对调节热带气候和防止海岸侵蚀起着重要作用。由红树植物构成的树林，被称为红树林。红树林主要生长在热带地区的海岸，常生长在有海水渗透的河口、泻湖，或有泥沙覆盖的珊瑚礁上。此外，有些木本植物既能在潮间带成为红树林群落的优势种，又能在内陆生长，因此被称为半红树植物。在红树林中，所有的草本及藤本植物都被称为红树林伴生植物。红树植物的用途很多，具有保护海岸和滩涂，滋养鱼、虾、蟹，用于建材、制药、造纸、制革、抗污染等多种用途，被人们誉为"海滨之宝"。

秋茄树

我国红树植物现状如何？

知识快车

目前我国有红树植物26种，半红树植物11种，红树林伴生植物19种。红树林分布于广东、广西、福建、台湾和海南5个省（区），其中广东10种，广西9种，福建7种，台湾9种，海南24种。另外，浙江省于20世纪50年代引进树种后，目前已有1种成活。

海 莲

木 榄

超级接链　为适应环境而变化

红树植物主要分布在泥质滩涂上，也有少数在泥沙滩上生长。在黑色泥质土壤条件下，由于土壤通气不良、盐渍环境以及风浪的作用，红树植物为了生存，产生了许多生理和形态方面的适应性变化，如支柱根、各种形式的呼吸根及许多胎生幼苗等。

海底有哪些能源？
↓
煤、石油和天然气等。

75 工业的血液——石油

原油样本

一个国家要发展工业生产，没有石油是万万不行的，因此石油被称为"工业的血液"。可以毫不夸张地说，海洋中几乎有陆地上所拥有的各种资源，其中，海底石油的储备量相当丰富。据估计，世界石油极限储量为1万亿吨，可采储量3 000亿吨。其中海底石油采储量1 350亿吨，可谓前景远大。

20世纪50年代，人们开始开采海底石油和天然气，但因受当时科学技术及开采设备的限制，海底石油的开采量很少。到了20世纪60年代，全世界约16%的石油来自海洋。到20世纪80年代，世界上开采的石油有40%来自海洋。到20世纪末，海洋石油年产量达30亿吨，占世界石油总产量的50%。步入21世纪后，随着科学技术的发展，海底石油开采量将会更高。

海底石油是如何开采的？

海底石油的开采过程包括钻生产井、采油气、集中、处理、贮存及输送等环节。海上石油生产不同于陆地石油生产，要求海上油气生产设备体积小、重量轻、高效可靠、自动化程度高、布置集中紧凑。一个全海式的生产处理系统包括：油气计量、油气分离稳定、原油净化处理、轻质油回收、污水处理、注水和注气系统、机械采油、贮油及外输系统等。

海上采油平台

 七大油气盆地

我国近海100万平方千米的范围内发现了七大油气盆地，它们分别是：渤海湾盆地、南黄海盆地、东海盆地、南海珠江口盆地、北部湾盆地、莺歌海盆地及台湾浅滩。据估计，这些盆地的石油储量达40～150亿吨，天然气储量达2.8万亿立方米。

海上天然气开采平台

天然气为何受欢迎？
⇩
因为它是清洁能源。

76 石油的"孪生兄弟"——天然气

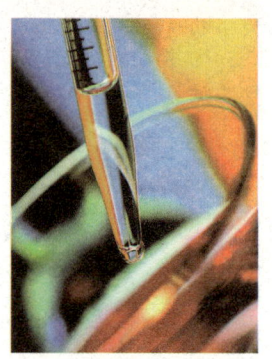

天然气合成油

　　海底天然气和石油就像是一对"孪生兄弟"，它们大多共同栖身于海洋中的大陆架和大陆坡下。天然气是一种无色无味无毒、热值高、燃烧稳定、洁净环保的优质能源。

　　据勘测，世界天然气储量为255～280万亿立方米，其中海洋储量为140万亿立方米。我国的海底天然气资源量约占全国天然气资源的25%～34%。该数据为我国海上油气开发展示了可观的前景。但若开采海底石油和天然气，还要经过地质调查、地球物理勘探等科学方法来确定海底储油层。

天然气站

海洋百科零距离
HAI YANG BAI KE LING JU LI

天然气和石油由何而来？

知识快车

在几千万年甚至上亿年前，地球上温暖湿润，海湾和河口地区的海水中氧气丰富、日照充足，加上江河带入大量的营养物质和有机质，为生物的生长、繁殖提供了丰富的"食粮"，使许多海洋生物迅速大量繁殖。据计算，全世界海洋海平面以下100米深水层中的浮游生物，其遗体一年后便可产生600亿吨有机碳，而这些有机碳就是生成海底石油和天然气的原料。

远古低等生物

海底天然气入户

铺设天然气管道

2006年9月，珠海市民用上了天然气。与广州和深圳两地不同的是，珠海市民使用的是海底天然气。该项目于2006年5月底开工，管道全长5.5千米，沿途经过30多个小区和多家工商用户，覆盖用户2.5万户以上。

哪国最早开采海底煤矿？
⬇
英国。

77 海底固体燃料——煤

海底煤矿是一种很重要的矿产，其开采量在已开采的海洋矿产中居第二位，仅次于石油。

海底煤层像陆地煤层一样，也是由古代高等植物遗体堆积后在地下经碳化而形成的。这些植物大多生长在浅水沼泽区，经过不断繁殖、生长、死亡，它们的遗体堆积在水中与空气隔绝，在缺氧的条件下不会很快腐烂，天长日久，就形成了植物堆积层。在微生物的作用下，植物遗体经分解、变化逐渐转变为泥炭层。泥炭是一种质地疏松仍保留着一部分植物组织的褐色物质，含碳量比植物高，但含氢、氧量较少，这就是最初级的煤。泥炭层被泥沙掩埋覆盖下沉到地下后，一方面受到上覆岩层的压力，另一方面受到地下高温的作用，进一步脱水、压缩，失去更多的挥发成分，使碳素不断增加。经过这些物理和化学变化，泥炭便逐渐转变为煤了。

海底探测

煤 炭

海底有哪些固体矿产？

目前，已发现的海底固体矿产有20多种，包括铁、锡、铜、硫、磷、石灰石等。世界上已探明的海底最大煤田是英国诺森伯兰海底煤田；日本九州附近海底有世界上已知的最大海底铁矿；亚洲一些国家有许多海底锡矿；我国大陆架浅海区广泛分布着铜、煤、硫、磷、石灰石等矿产。

锡　矿

超级接链　海底煤矿形成背后

形成煤的植物必须在浅水沼泽的环境中才能茂盛生长。因此，哪里的海底有煤层，就说明哪里曾经是"桑田"。只是因为那里曾一度上升为浅而淡的沼泽，在含煤沉积层堆积后，经地壳运动而下沉，又沦为了"沧海"。海底有煤田，正好反映了"桑田"变"沧海"的过程。

沼泽地

多金属结核是何时被发现的?

1868年。

78 结核状软矿物体——多金属结核

多金属结核分布在世界大洋底部水深3 500～6 000米的海底表层,其表面呈暗褐色,形如土豆,结核大小不等,小的颗粒用显微镜才能看到,大的球体直径可达20多厘米。它表面多光滑,也有粗糙、呈椭球状或其他不规则形状的。多金属结核的底部埋在沉积物中,往往比顶部粗糙。多金属结核含有锰、铁、镍、钴、铜等几十种元素。据科学家们预测,世界各大洋底多金属结核资源共约有3万亿吨,其中锰的产量可供世界用1.8万年,镍可用2.5万年。仅太平洋的多金属结核资源就达1.7万亿吨。

多金属结核

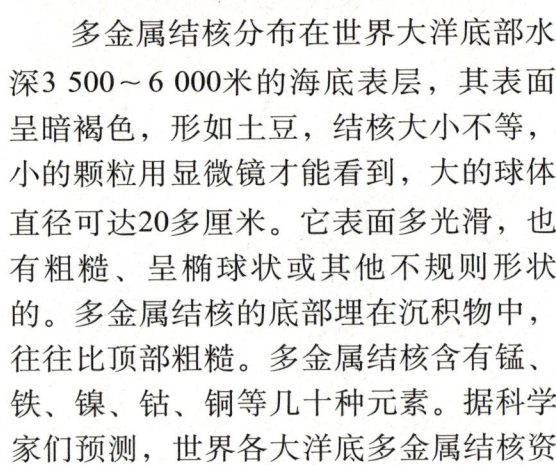

金属锰结核

多金属结核是怎样形成的？

结核的生长是最为缓慢的一种地质现象，数百万年才增长1厘米左右。那么多金属结核是如何形成的呢？下面介绍两种较为流行的假说：一、水成作用成因。金属成分缓慢从海水中析出，沉淀形成结核体。一般认为，水成结核的铁和锰含量相仿，镍、铜、钴含量相对较高。二、成岩作用成因。沉积柱内的锰再次活动，在沉积物或水界面析出。此种结核锰含量丰富，而铁、镍、铜、钴含量较少。

近观多金属结核

超级接链：富钴结壳金属

富钴结壳样品

富钴结壳金属是人们继多金属结核发现后的又一海洋矿产资源，其钴含量可高达2%，是陆地上含钴矿床中含钴量的20倍；贵重金属铂的含量相当于地球地壳物质含铂量的80倍。若与我国东太平洋海盆大洋多金属结核开辟区相比，其钴含量高3~4倍，铂含量高10多倍。

热液矿藏又称什么？
重金属泥。

79 海底金银库——热液矿藏

热液矿藏

20世纪60年代中期，美国海洋调查船在红海首先发现了深海热液矿藏。随后，一些国家又陆续在其他大洋中发现了30多处热液矿藏。

这种矿藏经济价值极大，仅美国在加拉帕戈斯裂谷发现的储量就达2 500万吨，开采价值大约为39亿美元。

热液矿藏由海脊（即海底火山）裂缝中喷出的高温熔岩经海水冲洗、析出、堆积而成，它们含有金、铜、锌等几十种稀有金属，且金、锌等金属品质非常高，所以又有"海底金银库"之称。饶有趣味的是，这些重金属五彩缤纷，有黑、白、黄、蓝、红等多种颜色。更奇怪的是，它们能够像植物一样，以每周几厘米的速度飞快增长。

"黑烟囱"是怎样形成的？

当岩浆自海底喷出时，携带了各种有机元素的气体挥发成分，可以与海水结合，迅速冷凝，并堆积在海底形成富含贵重金属或其他有色金属的"黑矿"或硫化物矿床。因此，当热体溶液喷出海底时，常在海底形成"黑烟囱"。

海底"黑烟囱"

"黑烟囱"与蠕虫

为了查明"黑烟囱"的矿物成分，研究人员采集了"黑烟囱"的岩心。经过研究，科研人员发现岩心上布满了含有硫酸钡（又称重晶石）的凹陷管状深孔，并确认这些管状孔穴系蠕虫长期生存行为的结果。但由于热泉口旁蠕虫遍布，因此尚难断定究竟哪些蠕虫擅长打洞筑巢。

红冠蠕虫

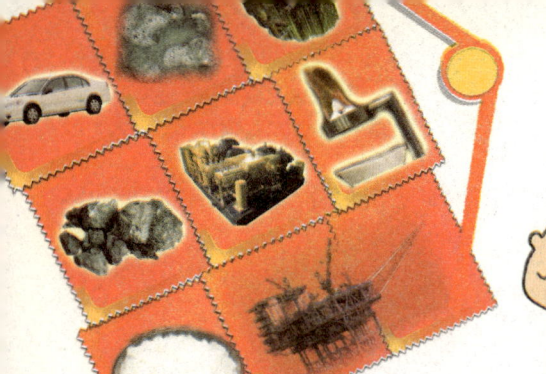

滨海砂矿常沉积在哪里？
↓
滨海和浅海区。

80 大自然的礼物
——滨海砂矿

滨海砂矿主要由金红石、磁铁矿、金矿、铁矿、金刚石、石英砂等矿种组成，广泛分布于沿海国家的滨海地带和大陆架，是大自然送给我们的宝贵财富。目前，世界上已探明的滨海砂矿达数十种，主要有金、铂、锡、钛、锆、金刚石等金属和非金属。其中，滨海砂矿中的稀有矿产主要分布在热带和亚热带，温带也有分布，以印度半岛、中国沿海、大洋洲、非洲西海岸和大西洋西岸最为集中；金矿和铁砂等金属矿产主要分布在美国阿拉斯加州诺姆等地海岸；锡砂矿主要集中于东南亚国家热带地区，且矿带海陆相连；黑色金属矿中的磁铁矿，主要分布于日本和加拿大海岸；钛磁铁矿分布在新西兰海岸；铬铁矿分布在美国西海岸；金刚石主要分布于西南非洲沿岸和浅海。

石英砂

金刚石

滨海砂矿是如何形成的？

许多沿海地带的岩石中都含有矿物资源，这些岩石因经过长期的日晒雨淋、冰雪侵蚀而风化，形成风化壳。日久天长，这些风化壳慢慢地发生崩解而成为粗细不均的碎屑。其中一些矿物颗粒经过雨水冲刷、河流搬运，被运到了滨海，并在波浪、海流等海洋动力的作用下，进一步被淘洗和分选，使密度相同和大小相当的矿物颗粒沉积并积聚在一起，形成矿带。

沙滩

滨海砂矿的开采

金红石

目前已有30多个国家在从事砂矿的勘探和开采。譬如，美国开采滨海的钛铁矿、金砂矿等；斯里兰卡开采滨海锡砂矿；澳大利亚目前滨海锆石和金红石的产量分别占世界总产量的60%和90%；中国已探明的具有工业开采价值的砂矿达13种，主要有钛铁矿、锆石、独居石、金红石等。

可燃冰的主要成分是什么？
⇩
甲烷分子与水分子。

81 未来能源——可燃冰

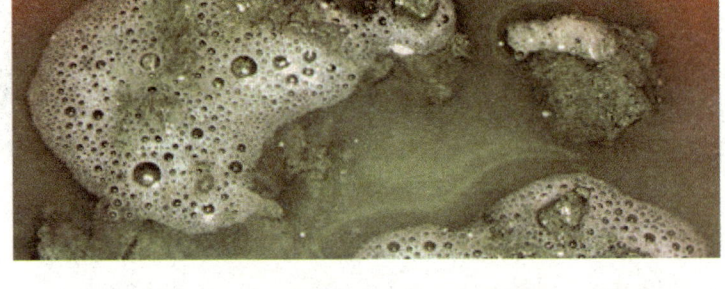

可燃冰

燃烧的可燃冰

在水深几百米的海床之下，埋藏着一些奇特的"冰雪"。冻结的水分子形成"囚笼"，将碳氢化合物（如甲烷）分子关在其中，形成"固体状态的天然气"，即天然气水合物结晶，又称可燃冰。令人惊奇的是，这种海底"冰雪"竟然能够燃烧。它能量密度高，杂质少，燃烧后几乎没有污染，是洁净的新能源，且矿层厚，规模大，分布广，资源丰富。科学家估计，海底可燃冰的分布范围约占海洋总面积的10%，相当于4 000万平方千米。其中有机碳的含量为全世界已知煤、石油和天然气中所含有机碳总量的2倍，是迄今为止海底最具价值的矿产资源，足够供人类使用1 000年。但由于开采困难，至今仍原封不动地保存在海底和永久冻土层内。

可燃冰是如何形成的？

可燃冰是由海洋板块运动而形成的。当海洋板块下沉时，较古老的海底地壳会下沉到地球内部，海底石油和天然气便会随板块的边缘涌上表面。当在深海压力下接触到冰冷的海水时，天然气与海水产生化学作用，便形成了可燃冰。

存在可燃冰的海底地貌

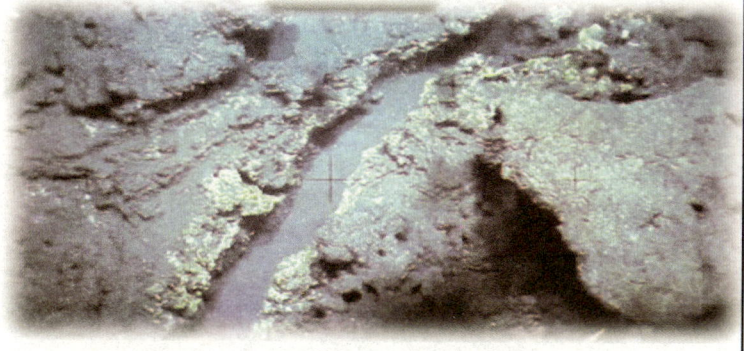

可燃冰的形成条件

可燃冰的分子结构

可燃冰的形成有三个基本条件：一、温度不能太高，以0℃～10℃为宜，0℃以上即可，最高限为20℃左右；二、压力要适宜，0℃时，30个大气压以上就可以生成；三、地底要有气源。

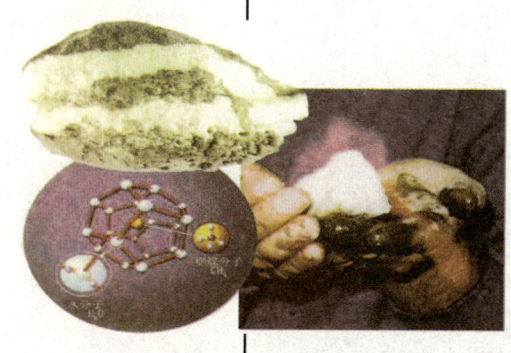

哪国是第一海盐生产国？
↓
中国。

82 用之不竭的液态资源——海水

海盐

海边

  海水本身就是一个巨大的资源宝库，海水中溶解有80多种金属和非金属元素，其中微量元素有60多种，如锂有2 500亿吨，它是热核反应中的重要材料之一，同时也是制造特种合金的原料；铷有1 800亿吨，可以制造光电池和真空管；碘有800亿吨，可以用于医药，常用的碘酒就是用碘制成的。

  除此之外，海水还有很多用途呢！一是用于制盐和以盐为原料的盐化工；二是海水的直接利用，如一些工业用水；三是海水淡化，获取淡水。目前，中东地区国家采用海水淡化的办法提取淡水的现象比较普遍，但成本较高。

海水是如何变为肥料的?

钾肥

海水中钾元素含量很高,共有600万亿吨。从海水中提炼的钾主要用来制造钾肥。钾肥肥效快,易被植物吸收,且不易流失。钾肥能使农作物茎秆强壮,防止倒伏,促进开花结果,增强植物的抗寒和抗病虫害能力。

溴的故乡

溴化合物

茫茫大海是化学元素溴的故乡,因为地球上99%以上的溴都存在于海水中。海水中的溴含量约为65毫克/升,总量达100万亿吨。我国于1968年用"空气吹出法"进行海水直接提溴,"树脂吸附法"的海水提溴也于1972年试验成功。

海洋动物牡蛎能入药吗？

当然能了。

83 21世纪的药库——海洋

鱼肝油

珊瑚虫

美国癌症学院的研究人员认为，充满生物活性分子、利用化学方式保护自己的海洋物种，很可能含有丰富的药物资源，所以海洋将成为人类21世纪的药库。

例如，红藻体内有一种高效抗病毒物质；在加勒比海水域中生活的珊瑚虫体内发现了一种天然的前列腺激素，可用于治疗气喘、神经衰弱和心脏疾病；从生活在太平洋海域的七星鳗身上，人们发现了一种可用于治疗心律失调的物质；从盲鳗的鳃中可提取出一种低分子芳香胺类物质，此物质对动物心脏的起搏有一定作用；从虾、蟹壳中提取的甲壳质制成的医用手术线，可被人体吸收，不需拆线；一种俗称"海石花"的毒性珊瑚身上有一种剧毒物质，这种毒素是治疗白血病、高血压、天花、肠道溃疡和某些癌症的有效药物，同时也是理想的麻醉剂。

为何鲨鱼不易患癌症？

鲨鱼很少患癌症，即使将癌细胞活体人工接种到某些鲨鱼身上，结果也往往是劳而无功、白费心机。这是因为鲨鱼能够分泌出一种抑制癌细胞的化学物质。有了这个惊人的发现，人们便开始尝试着从它们身上提取抗癌物质，而且取得了一定的成绩。现在，人们已能从鲨鱼的软骨内提取出一种具有抗动脉粥样硬化及抗血管内斑块功效的"硫酸软骨素"。这种物质能降低心肌耗氧量，降低血脂及改善动脉供血不足，对心脏病有一定的疗效。

鲨 鱼

红羽毛藻

超级接链 瓜果的福音

科学家们从生长在北极附近洋面上的海藻体内，成功地提取出了一种生化活性物质——植物激素。有了它，瓜果产量可以成倍增长。这种植物激素不愧是瓜果的福音啊！

最早的海上机场是哪个？

日本的长崎海上机场。

84 人类的第二居所 ——海洋空间

围海造城

海上城市

海洋是一个巨大的资源宝库，同时也是一个巨大的空间宝库。随着人口的膨胀、陆地资源与空间的枯竭，人类将目光投向了海面和海底，开始开发广阔的海洋空间，于是"海上城市"、"海上机场"、"海底村庄"、"海底隧道"、"海底光缆"等应运而生。日本已经建成了一座奇特的海上城市，位于神户南3 000米、水深12米的海面上。该岛长3 000米、宽2 000米，面积约6平方千米。岛内设施齐全，拥有商业区、学校、医院、邮局等设施，还修建了公园、体育馆和万吨轮深水码头，中心区建有可供2万人居住的住宅。

越洋通信时代何时开始？

知识快车

其实，早在19世纪人类就已经开始利用海底空间铺设光缆了。

1851年11月，英国在多佛尔开始铺设到达法国加莱的国际商用海底光缆，专门用来传输电报，开辟了海底光缆的新纪元。1866年7月，穿越大西洋的电报光缆接通，人类迈入了越洋通信时代。

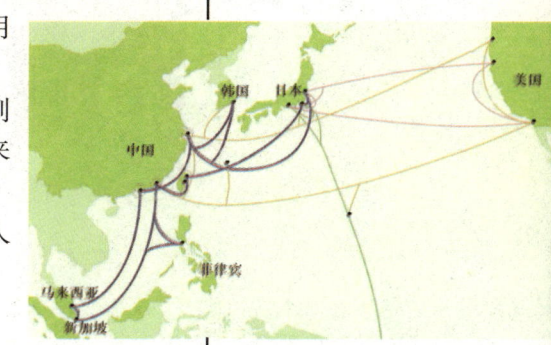

海底光缆路径图

超级接链 海底隧道

目前世界上最长的海底隧道，是日本的青函海底隧道，全长约54千米，铺设有两条铁路线；英吉利海峡的海底隧道全长约50千米，是世界上较长的海底隧道之一；日韩两国准备兴建的日韩海底隧道全长200千米，将成为世界上最长的海底隧道。

海底隧道

"泰坦尼克号"为何沉没？
↓
不慎撞到大海冰。

85 海上流浪者——海冰

海冰，从狭义上讲是海水冻结而成的咸水冰，广义的海冰指海洋上的所有冰（咸水冰、河冰、冰山等）。大陆冰川或陆架冰滑入海洋后断裂而成的巨大冰块中，露出海面高度5米以上的称为冰山，特大的冰山叫冰岛。

由于海冰能大量反射太阳辐射，阻碍海洋与大气热量交换，因此海冰的生消及数量的多寡，既直接影响海况及海平面的变化，又影响着大气环流和气候。此外，海冰运动时的推力和撞击力都是巨大的，尤其是冰山，对航运和海洋资源都有着很大的威胁。

海冰

冰山

海冰是怎样"长大"的？

知识快车

海冰形成后，首先朝水平方向发展，再向厚度方向延伸，随着时间的推移，增长速率逐渐减慢。最初生成的海冰，是呈针状或薄片状的冰晶。大量冰晶聚集、凝结，或降雪落至海面不融化，形成糊状或海绵状的冰。在平静或有风浪的海面，糊状冰或海绵状的冰会继续冻结，分别形成冰皮或饼冰（莲叶冰）。这类冰如果增厚，会形成灰冰和白冰。有时灰冰和白冰受风、浪、流、潮的作用，冰层相互重叠堆积，便形成了重叠冰和堆积冰。

海冰密集

超级接链 应对海冰

1913年，美国及加拿大等国组织了国际冰山巡逻队，用飞机、雷达、无线电等手段，侦察报告冰山的所在地点和活动情况，并发布冰山警报。20世纪60年代以来，卫星、遥感技术的出现，使人类能够及时、同步和大范围地监视冰山的活动，为海冰的观测、预报和研究等开辟了新的途径。

卫星监测渤海海冰

潮汐有什么用途？

发电、捕鱼、产盐及航运等。

86 发电大户 —— 潮汐

海上航运

潮汐是一种世界性的海平面周期性变化的现象。由于受太阳、月亮这两个万有引力源的作用，海平面每昼夜有两次涨落。潮汐作为一种自然现象，为人类提供了诸多方便，它还可以转变为电能，为人类带来光明和动力。

据海洋学家计算，世界上潮汐发电的资源量达10亿千瓦以上，简直是一个天文数字。

我国的潮汐能量相当可观，蕴藏量为1.1亿千瓦，可开发利用量约2 100万千瓦，每年可发电580亿度。其中，浙江省的潮汐能蕴藏量尤为丰富，约1 000万千瓦。钱塘江口潮差达8.9米，是建设潮汐电站最理想的河口。

潮汐发电示意图

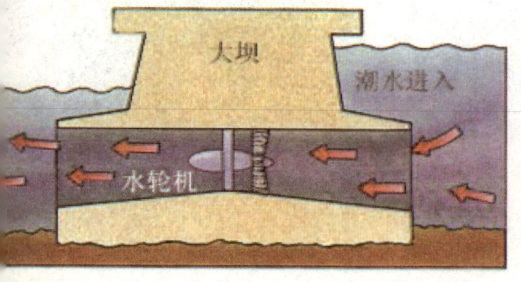
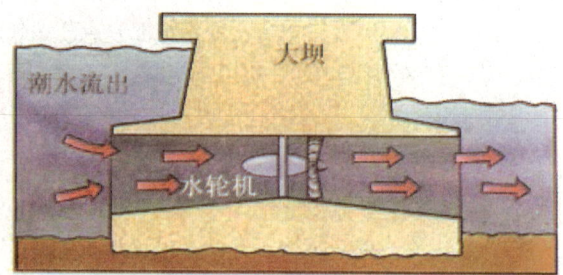

古人是怎样认识潮汐的？

知识快车

潮汐是沿海地区常见的一种自然现象，古人称白天的涨潮为"潮"，称晚上的落潮为"汐"，合称"潮汐"。古人还根据潮汐的发生和太阳、月亮的关系，以及与我国传统农历的对应，总结出农谚"初一十五涨大潮，初八二十三到处见海滩"，归纳了大潮、小潮的发生规律。

大　潮

 郑成功巧用潮汐得胜

郑成功塑像

1661年4月21日，郑成功率领2.5万将士从金门岛出发攻打台湾岛上的赤嵌城。他们舍弃港阔水深、进出方便、有重兵把守的大港水道，选择了水浅礁多、航道狭窄且荷兰侵略军设防薄弱的鹿耳门水道。巧的是，当时正值涨潮，可谓"天时人和"。郑成功率大军乘涨潮航道变宽变深时，顺流迅速通过鹿耳门，在禾寮港登陆，直取赤嵌城而成功得胜。

赤潮都是红色的吗？

不一定。

87 海洋生物的灾难——赤潮

海水通常看上去是蓝色的，有时也会变成红色，这是发生了赤潮。赤潮来临时，海面如同铺上了一层大红毡子，从外观上看异常美丽，但对海洋生物来说，却是一场灭顶之灾。因为过不了多久你就会发现，在这层"红毡子"下面，大批鱼类和其他海洋生物会相继死亡、变质，随之而来的是阵阵令人作呕的臭味。

赤潮是海水中某些浮游植物、原生动物或细菌爆发性增殖或高度聚集而引起水体变色的一种有害生态现象。海水的温度（20℃～30℃是赤潮发生的适宜温度范围）是赤潮发生的重要环境因素；海水养殖的自身污染也能诱发赤潮；城市工业废水和生活污水大量排入海中，也是引起赤潮的重要原因；全球气候的变化也导致了赤潮的频繁发生。

黄海赤潮

赤潮

赤潮对人类有哪些危害？

知识快车

有些赤潮生物分泌赤潮毒素，鱼虾、贝类摄食了这些有毒生物后，虽没被毒死，但生物毒素却可在鱼虾、贝类体内积累，其含量大大超过人体可接受的限度。这些鱼虾、贝类如果不慎被人食用，就会引起人体中毒，严重时可导致死亡。

据统计，全世界每年因食用被赤潮毒素污染的贝类而引起的中毒事件约300多起，死亡300多人。

赤潮海面

超级接链 人类有关赤潮的记载

在《旧约·出埃及记》中有关于赤潮的描述："河里的水，都变作血，河也腥臭了，埃及人就不能喝这里的水了。"1831～1836年，达尔文在《贝格尔航海记录》中记载了在巴西和智利近海面发生的束毛藻引发的赤潮事件。据载，中国早在2 000多年前就发现了赤潮现象，一些古书文献或文艺作品里已有一些有关赤潮的记载。如清代的蒲松龄在《聊斋志异》中，形象地记载了与赤潮有关的发光现象。

蒲松龄画像

日本如何称呼海啸？

津波，即港边的波浪。

88 海上猛兽——海啸

海啸

美丽的苏门达腊

　　海啸是一种灾难性的海浪，通常由震源在海底下50千米以内、里氏震级6.5以上的海底地震引起。此外，水下或沿岸山崩、火山爆发、陨石撞击及人为的水下核实验也可能引起海啸。在一次震动之后，震荡波在海面上以不断扩大的圆圈传播到很远的距离，其在深海的速度能够超过每小时700千米，可轻松地与波音747飞机保持同速。由于海啸波长比海洋的最大深度还要大，轨道运动在海底附近不会受到多大阻滞，因此，不管海洋深度如何，波都可以传播过去。

印度洋海啸为何突如其来?

专家指出,并不是每一次地震都会引发致命的海啸。印度洋海啸为何会突如其来?原因是它采取了隐蔽手段。

此次地震产生的海啸隐蔽得非常巧妙:尽管它能以每小时数百千米的速度在海平面上前进,但它的实际高度不过几厘米左右,行驶在上面的船只根本感觉不到。然而,一旦遭遇地势起伏不平的海岸线、浅滩或相对狭窄的港口,它的狰狞面目就会显露出来。

印度洋海啸示意图

印度洋海啸的人员伤亡

在2004年12月26日的大海啸中,印度尼西亚受袭最为严重。据印尼卫生部称,共有238 945人死亡或失踪。已经确认死亡的人数达到111 171人,失踪人数为127 774人。此次地震海啸还波及了泰国、斯里兰卡、印度、缅甸、马尔代夫等国,均造成了不同程度的人员伤亡。

印度洋海啸前后对比

海啸前

海啸后

台风又称什么？

⬇

飓风、热带风暴等。

89 热带海洋上的猛烈风暴——台风

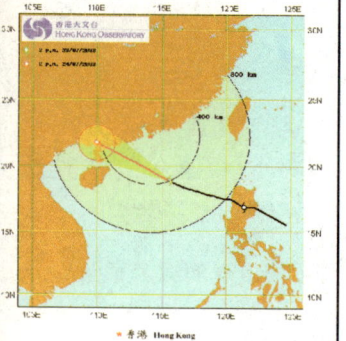

台风路径

台　风

　　台风，是发生在西北太平洋和南海一带热带海洋上的猛烈风暴，是在大气中绕着自己的中心急速旋转，同时又向前移动的空气涡旋。它产生在热带洋面，在北半球做逆时针方向转动，在南半球做顺时针方向旋转。台风形成需要以下条件：一、要有足够广阔的热带洋面，要求海水表面温度高于26.5℃，且60米深的海水温度都要超过这个数值；二、台风形成之前，要有一个弱的热带涡旋存在；三、要有足够大的地球自转偏向力；四、在弱低压上方，高低空之间的风向风速差别要小。台风是一种破坏力很强的灾害性天气，加强对台风的监测和预报，是减轻台风灾害的重要措施。

台风有哪些起源地？

台风按风速的快慢可分为超强台风、强台风、台风、强热带风暴、热带风暴、热带低压。其起源地主要有菲律宾群岛以东和琉球群岛附近海面，这一带是西北太平洋上台风发生最多的地区，全年几乎都会有台风发生。另外，关岛以东的马里亚纳群岛附近海面上、马绍尔群岛附近海面上、我国南海的中北部海面，也时有台风发生。

台风"桑美"的卫星图片

台风命名趣闻

人们对台风的命名始于20世纪初。据说，首次给台风命名的是一位澳大利亚气象预报员，他将热带气旋取名为他不喜欢的政治人物。在西北太平洋，正式以人名为台风命名始于1945年，开始时只用女人名，直至1979年才开始交替使用男人名和女人名。

台风登陆

"厄尔尼诺"原意是什么?

圣婴。

90 海洋上的高温现象——厄尔尼诺

厄尔尼诺现象又称厄尔尼诺海流,是太平洋赤道带大范围内海洋和大气相互作用后失去平衡而产生的一种气候现象。正常情况下,热带太平洋区域的季风洋流从美洲走向亚洲,使太平洋表面保持温暖,给印尼周围带来热带降雨。但这种模式每2~7年就被打乱一次,使风向和洋流发生逆转,太平洋表层的热流转而向东走向美洲,随之带走了热带降雨,出现所谓的"厄尔尼诺现象"。当这种现象发生时,大范围的海水温度可比常年高出3℃~6℃。太平洋广大水域的水温升高,改变了传统的赤道洋流和东南信风,导致全球性的气候反常。

厄尔尼诺现象

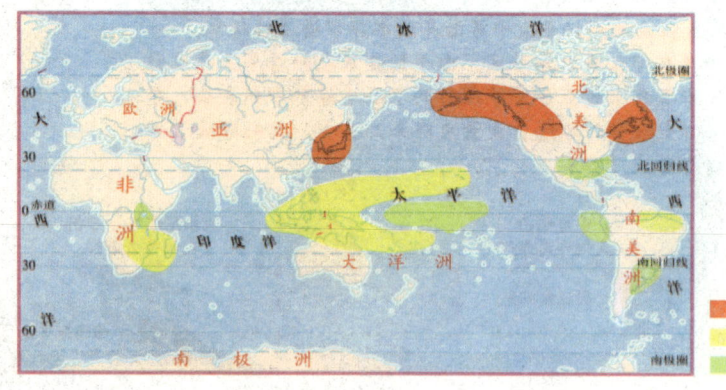

厄尔尼诺现象与天气异常

厄尔尼诺现象有周期性吗？

知识快车

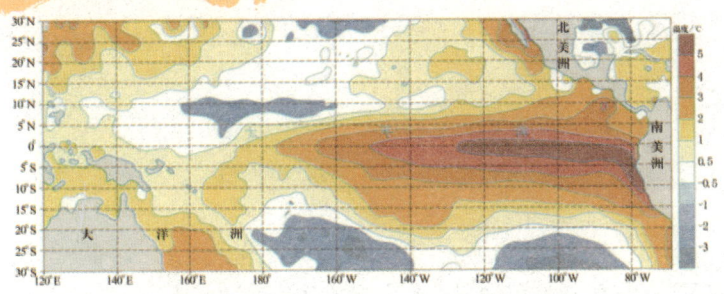

厄尔尼诺现象发生时太平洋表层的水温情况

厄尔尼诺现象是周期性出现的，大约每隔2～7年出现一次。自1976年至1997年的20多年来，厄尔尼诺现象分别在1976～1977年、1982～1983年、1986～1987年、1991～1993年和1994～1995年出现过。进入20世纪90年代以后，随着全球变暖，厄尔尼诺现象出现得越来越频繁。

超级接链 对厄尔尼诺现象的研究

面对厄尔尼诺现象带来的巨大损失，人类并未听天由命，而是积极投入到对这一海洋现象的研究之中。

目前，尽管人类对厄尔尼诺现象的成因尚未查清，但已取得一些成果。1986年，国外科学家成功地提前一年预报了厄尔尼诺现象的来临，并积极探索温室效应与厄尔尼诺现象之间的联系。可以预言，人类终将解开这个大自然之谜，以降低甚至摆脱厄尔尼诺带来的危害和困扰。

厄尔尼诺现象导致的严重干旱

"拉尼娜"原意是什么？
↓
小女孩。

91 可怕的气象术语——拉尼娜

近年来，"厄尔尼诺"和"拉尼娜"这两个气象术语成了人们关注较多的气象名词。

我们已经知道，厄尔尼诺现象是指赤道中太平洋和东太平洋海温的增暖现象。而拉尼娜现象正好与之相反，指的是赤道中太平洋和东太平洋海温的降温现象。它的出现，使全球许多地区的气象灾害发生了转变，但它的影响强度不如厄尔尼诺现象。拉尼娜现象出现时，由于热带地区的大气环流受到明显的影响，易引发风暴和降雨，可使部分地区遭受洪涝灾害。

拉尼娜现象大约每隔3～5年有一次较强的表现，但有时间隔会达10年以上，常常发生于厄尔尼诺现象之后。厄尔尼诺现象与拉尼娜现象相互转变大约需要4年的时间。从20世纪初到1992年期间，拉尼娜现象共发生了19次。

台风生成

东太平洋热带飓风卫星图片

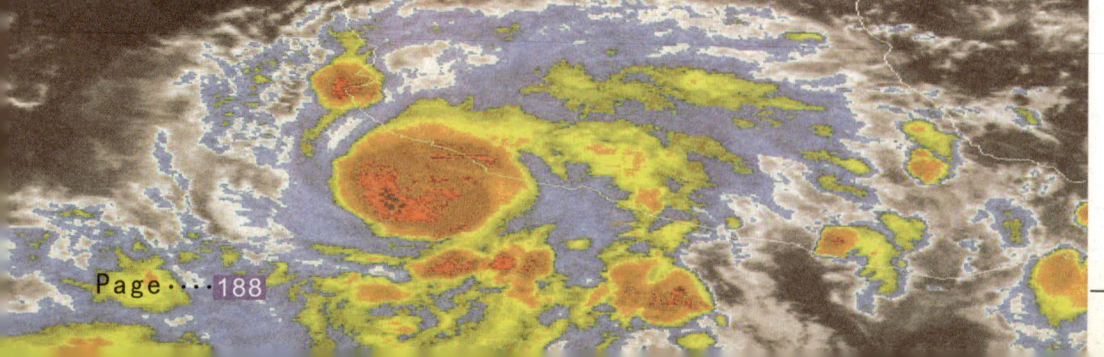

拉尼娜现象是如何发生的？

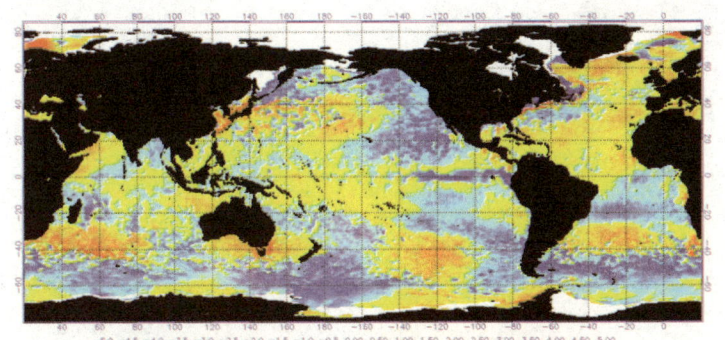

大气环流图像

拉尼娜现象的发生与赤道偏东信风的加强有关。偏东信风加强，推动赤道洋流从东太平洋流向西太平洋，使高温暖水在热带西太平洋地区聚积，成为全球水温最高的海域。同时，在赤道东太平洋表层比较暖的海水向西输送后，深层比较冷的海水便会加以补充，因此造成东太平洋海表水温偏低，从而引发拉尼娜现象。

超级接链：中国1998特大洪涝揭秘

洪涝灾害

海洋学家认为，中国在1998年遭受的特大洪涝灾害，是由"厄尔尼诺-拉尼娜"现象和长江流域生态恶化两大原因共同造成的。面对"拉尼娜"等对国民经济和人民财产造成的巨大损失，科学家正在加紧对拉尼娜现象进行研究，以便更好地掌握它的规律，预防自然灾害的发生。

我国海洋污染严重吗？
基本上处于良好状态。

92 灭顶之灾 ——海洋污染

被污染的海水

海洋污染

随着社会经济的发展、人口的不断增长，人类在生产和生活过程中产生的废弃物越来越多。这些废弃物中有很大部分最终会直接或间接地进入海洋，使海洋受到污染，进而损害海洋生物、危害人类健康、破坏环境等。

污染海洋的物质众多，大体可分为以下几类：一、陆源污染物；二、船舶排放的污染物；三、海洋石油勘探开发的污染；四、人工倾倒废物污染；五、不合理海洋工程的兴建和海洋开发，使一些深水港和航道淤积，局部海域生态平衡遭到破坏。

哪种海洋污染最严重？

知识快车

石油是各种海洋污染物中入海量最大的一种，也是海洋污染最严重的一种。石油在水面容易形成薄膜，阻止水气交换，使海水中的溶解氧减少，从而引起大面积的缺氧现象，导致鱼虾等海洋生物大量死亡。我国沿海油污染面积约12万平方千米，其中，渤海和东海石油污染比较严重，分别占石油排入海量的34%和33%；南海占19%；黄海最少，占14%。

被石油污染的海鸟

超级接链　海洋环保的呼唤

海洋环保设备

海洋环境保护任重道远，需要全社会的关注和积极行动，需要多个部门的协调配合。海洋环境保护事业是一项公众事业，离开了公众的参与，它必将行之不远。因此，我们每个人都应该为海洋的环境保护奉献一份力量。